党英明 主编

社会竞争激烈
生活节奏加快
如何提升青少年的心理防线？

心理危机

战胜恐惧的智能钥匙
——心理危机

吉林大学出版社

图书在版编目（CIP）数据

战胜恐惧的智能钥匙：心理危机/党英明主编．—长春：吉林大学出版社，2016.8
ISBN 978-7-5677-7416-2

Ⅰ.①战… Ⅱ.①党… Ⅲ.①青少年—心理健康—健康教育 Ⅳ.①G479

中国版本图书馆 CIP 数据核字（2016）第 208995 号

书　　名：	战胜恐惧的智能钥匙：心理危机
主　　编：	党英明
责任编辑：	李国宏
责任校对：	尹美惠
封面设计：	卡古鸟设计
出版发行：	吉林大学出版社
社　　址：	长春市明德路 501 号
邮　　编：	130021　发行部电话：0431—89580028/29
网　　址：	http://www.jlup.com.cn　E-mail：jlup@mail.jlu.edu.cn
印　　刷：	三河市华晨印务有限公司
开　　本：	165mm×225mm　1/16
印　　张：	13
字　　数：	190 千字
版　　次：	2016 年 8 月　第 1 版
印　　次：	2016 年 8 月　第 1 次印刷
书　　号：	ISBN 978-7-5677-7416-2
定　　价：	26.00 元

版权所有　翻印必究·印装有误　负责调换

前　言

随着现代社会经济和科学技术的迅猛发展，人们对物质生活和文化生活的需求不断提高，社会竞争加剧，生活节奏加快，人际交往更频繁，由此带来的紧张、焦虑、恐惧、抑郁等心理问题使人们的精神生活和行为活动发生了不同程度的偏差，心理冲突、心理障碍日益增加。

青少年是社会生活中的一员，他们的心理健康也同样受到多种因素的影响。比如，有的学校严格的分数排名、频繁的考试、额外的补课、超负荷的练习等，必定会增加学生的心理压力，恶化人际关系，严重的还会导致学生产生对学校和学习的恐惧感，导致出现逃学甚至自杀等现象；有的学生家庭存在严重的矛盾冲突、家长的教育投入不良，这也会对孩子的心理健康造成负面的影响。此外，学习成绩的下降、人际交往的受挫、青春期生理的发育等，同样会给青少年带来极大的心理冲击……

青少年正处于身心发展的关键时期，他们自身知识水平有限，分辨能力、调节能力差，可塑性较强，如果不能教给他们正确应对各种不良影响因素的知识和方法，对他们进行有效的心理危机干预，就很容易使他们陷入成长发展的危机之中。

本书运用清新隽永的语言和大量真实、生动的事例，力图给予广大青少年朋友有益的指导和积极的帮助，以使他们能够正确应对心理危机，成长为身心健康的杰出一代。

由于时间仓促，加之水平有限，本书不足之处自是难免，诚望读者朋友批评指正。

目 录

学习心理篇

- 为什么要学习 ………………………………………………… 002
- 想学，但是学不进去，怎么办 ………………………………… 009
- 如何应对逃学的心理危机 ……………………………………… 013
- 怎样面对"开学焦虑" ………………………………………… 015
- 遇到不感兴趣的学科怎么办 …………………………………… 016
- 压力是一柄双刃剑 ……………………………………………… 018
- 中学生存在学习压力的三种情形 ……………………………… 020
- 为什么中学生会感到学习压力过重 …………………………… 021
- 化解学习压力的方法 …………………………………………… 022
- 舒解学习压力的 5 个妙招 ……………………………………… 023
- 成绩突然下降怎么办 …………………………………………… 024
- 我再也没有学习潜力了吗 ……………………………………… 026
- 不要庸人自扰——考试焦虑的化解 …………………………… 027
- 怎么克服考前焦虑 ……………………………………………… 030
- 怎样调适高考紧张心理 ………………………………………… 034
- 如何应对考前心理疲劳 ………………………………………… 036
- 考前自暴自弃怎么办 …………………………………………… 037

学习方法篇

- 学习如何才能不拖延 …………………………………………… 042

差生如何改善学习方法…………………………………………044
将问题暂时搁置的做法可取吗…………………………………046
为什么不能边做作业边讲话……………………………………047
为什么有时候学习愈认真成绩愈差……………………………049
做家庭作业时可以听音乐吗……………………………………051
如何应对上课走神问题…………………………………………053
如何预防学习疲劳………………………………………………055
怎样集中注意力…………………………………………………057
小学成绩好，为何中学会越来越差……………………………062
女生理科真的不如男生吗………………………………………065

人际交往篇

"唱反调"不是光荣…………………………………………………068
总是与父母谈不拢，怎么办……………………………………070
真诚虚心地接受老师的忠告……………………………………073
理解老师的"爱心"与"偏心"……………………………………074
怎样消除老师对自己的误解……………………………………076
给老师提意见的三种技巧………………………………………077
总是害怕别人超过我，怎么办…………………………………078
中等生很苦恼，怎么办…………………………………………080
"分数尖子"为什么成了离群的"孤雁"…………………………081
学习中如何对待别人设置的障碍………………………………083
怎样走出孤独的樊篱……………………………………………086
如何面对班干部的落选…………………………………………087
暑假怎么过………………………………………………………089

不良行为篇

为什么对过答案才放心…………………………………………092
老是管不住自己怎么办…………………………………………093

为什么越来越多的学生上网成瘾 ············ 095
沉溺网络害处多 ······························ 097
网络成瘾，该怎么进行心理调适 ············ 101
如何防治"网络游戏综合征" ················ 103
青春期吸烟、饮酒的危害 ···················· 104
拒绝黄毒 ······································ 108
远离毒品 ······································ 110

青春驿动篇

青春躁动中的烦恼 ···························· 116
深深少年心 ···································· 117
青春期心理的碰撞 ···························· 119
什么是性 ······································ 121
什么是性心理 ·································· 121
什么是健康的性意识 ·························· 122
青春期性意识的发展阶段 ···················· 123
青春期性心理发展的特点 ···················· 124
少女性成熟的心理特点 ······················· 125
遗精——男性成熟的标志 ···················· 125
什么是性冲动 ·································· 128
正确对待性冲动 ······························ 129
少女为什么会"怀春" ························ 130
手淫有害健康吗 ······························ 130
少女过早发生性行为的危害 ················ 134
未婚先孕会影响女性健康 ···················· 135
青少年不能迷恋裸体画 ······················· 135
为什么青少年会做性梦 ······················· 136
出现性幻想怎么办 ···························· 137
不在幻想中沉沦 ······························ 138
如何看待早恋 ·································· 142

收到情书怎么处理 …………………………………… 143
爱上老师怎么办 …………………………………… 145
怎样与老师正常相处 ……………………………… 147
你知道什么叫"爱情"吗 …………………………… 149

人格优化篇

为什么有的学生内心懦弱 ………………………… 154
成功的人生需要拥有刚毅的性格 ………………… 158
学生需要具有直面挫折的勇气 …………………… 160
怎样走出回忆往事的困惑 ………………………… 161
拨开忧郁的乌云 …………………………………… 162
莫让多疑使你对号入座 …………………………… 167
熄灭嫉妒的火焰 …………………………………… 171
虚荣心是怎么回事 ………………………………… 176
人比人,气死人吗 ………………………………… 177
不为一世荣辱得失所左右 ………………………… 178
抛弃虚伪心理 ……………………………………… 180
诚实是最好的策略 ………………………………… 182

自我意识篇

成长真的是一种美丽的疼痛吗 …………………… 186
长得不漂亮,怎么办 ……………………………… 188
性格内向好还是外向好 …………………………… 190
你对时间的认识正确吗 …………………………… 192
你的时间值多少钱 ………………………………… 194
自我调节,保持心理平衡 ………………………… 197
保持心理健康的 10 条秘诀 ……………………… 199

学习心理篇

为什么要学习

有些青少年感觉总是找不到学习的动力,那些鼓动他们学习的理由感觉很虚,他们不知道自己每天这么辛苦地学习到底是为了什么。

学习没有兴趣,问题其实主要出现在学习动机上。如果把学习动机划分一下,可以分为两大类:一类是高尚、长远的学习动机;另一类是个人、现实的学习动机。这两种动机都是促使我们努力学习的推动力。

那么,什么叫做学习动机呢?简单地讲,就是促使我们学习并且能够达到一定效果的一种直接的动力、原因和因素。人类的一切活动都是由一定的动机引起的,比如说我们感觉饿的时候,想要饱餐一顿满足自己的需求就成为我们饮食的动机;而当一个酷爱足球的人为了看足球比赛彻夜不眠的时候,他的动机就在于对足球的热爱以及由此而得到的一种强烈的好感。学习呢,属于人类活动的一种,因而它也是由动机来驱使的,如果没有了一定的动机,我们人类就不会孜孜不倦地去探索科学知识,也不会有那么多的科学家、发明家出现了。

动机是和我们的需要联系在一起的,任何动机都离不开需要,可以说,动机是推动我们为满足自己的需要而采取各项活动的直接动力。我们需要美的时候,就会产生逛街购买新衣服、首饰打扮自己的动机;我们希望拥有强健体魄的时候,就会产生早睡早起锻炼身体的动机;当我们觉得将来要好好为祖国和社会贡献聪明才智、报答父母亲的时候,就会好好学习,天天向上,这就是我们所要说的学习动机。

为什么要学习

对于青少年来说,不同的学生,

有不同的学习动机。有的同学可能是因为自己本身有求知的兴趣和一种强烈的学习欲望；而有的同学，学习可能纯粹是为了得到爸爸、妈妈的奖励和老师的夸奖；还有的同学，觉得学习是一种快乐的事情，是发自内心的一项责任和义务；还有的同学，可能就是为了将来能够得到一份好的工作让自己生活得更幸福。所以，如果要将学习动机进行分类的话，我们可以依据它形成的原因，把它分为两种，那就是内部学习动机和外部学习动机。

内部学习动机就是指由我们的需要、兴趣、愿望、好奇心、求知欲、理想、信念、人生观、价值观，以及自尊心、自信心、责任感、义务感、成就感和荣誉感等内在因素转化来的，因为这是我们内心所具有的因素，所以具有更大的积极性、自觉性和主动性，对我们的学习活动有着更大、更持久的影响力。

外部学习动机是指由外在的诱发因素，比如说社会的要求、考试的压力、父母的奖励、老师的赞许、朋友伙伴的认可、评优秀学生、获得荣誉称号和奖学金、报考理想的学校、求得理想的工作、追求令人向往和羡慕的社会地位等因素激发起来的，表现为心理上的压力和吸引力，因而这种动机也是我们学习动机结构中的一个主要组成部分。但是，由于这种外部的学习动机很容易受外在因素的影响，会随着外部条件的变化而变化，因而和内部学习动机相比，具有很明显的目的性和可变性。如果诱发因素发生了变化，外部学习动机的强度也会发生变化。比如说，如果你学习的动力完全来自父母的奖励，只要你考试考得不错，妈妈就会奖励你暑假旅游或者给你买想要的东西。但是，突然有一天，妈妈宣布不会再有这种奖励的时候，你对学习和考试可能就会抱一种无所谓的态度，不管考得好还是不好，反正已经没有什么动力了。很显然，这种外部学习动机如果得不到及时有效的调节，就会影响我们的学习效果，可能会产生不良的后果。

当然，学习动机还可以用别的方式来分类。如用时间来划分，可以分为近期的学习动机和长远的学习动机。从长远的角度来看，我们的学习不仅仅是个人的事情，还和我们的家庭、社会联系在一起。我们学习的意义在于个人意义、家庭意义和社会意义的统一，而这种统一是指向未来的，不是短时间里能够实现的，因而具有长远性。那么近期的学习动机呢，它具有直接性，是由我们在学习的过程中获得的体验和结果引起的。比如，学习的内容非常有趣，老师上课非常生动，因而我们感到快乐和舒服，或者在考试中得到了理想的成绩，受到了老师和爸爸、妈妈的表扬等，这些都可以成为我们近期学习的动机。但是，这种动机是暂时的，而且是不稳定的，有时候会对我们的学习产生不良的影响。

举个例子来说，我们现在要学很多门功课，语文、政治、数学、英语、物理等，每一门功课都不能落下，但是，如果我们对其中一门自己喜欢的、考试成绩好的功课特别喜欢学，乐此不疲，甚至对别的功课都没有了兴趣，不愿学也不想学，产生了偏科的现象，那么对我们的成绩是会有很大影响的，毕竟，一门功课再好，也不能代替所有的功课，这种学习动机就不利于我们的学习，是要学会克服的。

学习动机还可以按照动机的强度分为主导性学习动机和辅助性学习动机。因为通常来讲，我们的学习动机不是单一的，也不是一成不变的，而是有主导性学习动机和一些辅助性的学习动机组合起来的一个体系。主导性学习动机的动力最强，占据了主导地位，对我们的学习起着最重要的作用，而辅助性的学习动机相对来说比较弱，对我们的学习起着次要的、从属的、辅助的作用。我们现在的主导性学习动机一般来讲都是想考出优异的成绩然后升入高一级的学校，除此之外，还会有一些辅助性的学习动机，比如争取到好的成绩来得到老师的赞赏，争当三好学生，获得各种各样的荣誉等。

不管是主导性的还是辅助性的动机，只要它们的方向是一致的，并且符合社会的要求，且有利于我们的身心健康成长，对我们来说，就是有意义的。

那么可能有人会问，为什么在学校里，有那么多的同学都不

要乐读不要苦读

喜欢认真学习，一看见书本就头疼，成绩总是不理想？为什么他们的学习动机那么不强烈，我们应该怎样来激发自己的学习动机，并且让自己保持对考试啊、上课啊、看书啊这些学习活动的热情呢？

下面先来看这样一个同龄人的故事。

小刚初一的时候是个很不爱学习的孩子，提到学习就会没精神，上课打瞌睡，放学后便和同学去游戏厅或者在外面玩，就是不愿意回家做功课。老师说他不用功，家长骂他不争气，但都不起什么作用，他依旧"逍遥自在"。直到有一次，小刚期末考试所有的课程都挂了"红灯"，老师当着全班同学的面对他说："你可真行，这次寒假过年，你的家里就不用开灯了，你把这些'红灯'带回去就行了。"同学们都笑了，小刚一下子意识到了问题的严重性。看着"万里江山一片红"的成绩单，他猛然间觉得自己太不像话了，在同学面前丢了脸，回家肯定还要挨一顿批。

可没想到爸爸并没有骂他、打他，而是帮他分析原因，寻找根源，并且鼓励他从此以后要努力改变这种糟糕的状况。小刚得到了一些启发，于是就从寒假开始，重新温习了考试的科目。他惊奇地发现，原来学习对他来说也不是那么的困难，有时候还是很有乐趣的。尤其是在求解一道道难题的时候，虽然几经思考费尽脑细胞，但是解出答案来之后的那种快乐是振奋人心的。他快乐地告诉爸爸妈妈，他发现自己的学习有劲头了，解除难题就是一种动力，而且很多题是班上一些优秀的同学都做不出来的，而他竟然能够迎刃而解。自从有了这种动力，小刚的学习变得刻苦又勤奋起来，即使有时还会很想念那些疯玩的日子，但是小刚却是从内心里喜欢上了学习、求知的课堂生活了。因为他明白了，有许许多多的难题在等着他去解答，如果不解决那些问题，他会不快乐的。

小刚是找着学习的动力了，他学习的动机很简单，也很明确，就是要解算出一道又一道的难题，这样他学习起来就会有劲头，有乐趣。你们在学习中有没有想过要去激发自己的学习动机呢？可能有的同学会认为，只有那些学习有困难、讨厌学习的人才要去激发自己的学习动机，而学习好的学生就不用这样做了，顺其自然就可以了。其实不然，学习有困难的学生当然要努力学会克服障碍，发掘自己的学习动机，从而找到正确的学习方法；而学习好的同学同样要努力保持自己对学习的热度，并且要尽可能地提高学习动机的强度，让它永葆活力，使自己在学习活动中有激情，有坚持不懈的强大动力。所以说，激发学习动机，增强学习劲头，是我们大家都要努力学会的事情。

至于具体怎么做，记住下面几点，应该会对大家有所帮助。

1. 明确学习的目的、意义和阶段

著名的学者培根说过："知识就是力量。"有了知识，我们将来才能担当起建设祖国的重任。作为一个中学生，我们要明白学习的社会意义和个人意义——为什么学习。学习能够使人获得新的知识经验，我们在获得和应用新的经验时，不断地丰富扩充着我们的知识内容，重新塑造我们的个性，使自己的心理发生量和质的变化，并达到新的水平。我们和小学时候相比，学习课程的门类更多，内容的抽象概括程度更高，交往范围进一步扩大。通过中学课程的学习和生活锻炼，我们的知识积累、心理能力、个性成长都比小学时有很大的飞跃，我们在学习中慢慢地成长起来。这时，我们就应该懂得自己的义务、责任，促使自己对缺乏兴趣的学习任务，也要努力去完成。同时，还要把当前的学习与未来理想、实际应用联系起来，激发自己的求知欲。

很多时候，大家可能会比较怀念小学或者更早时候的童年生活，那时候可以无忧无虑的，学习任务也不是很重。可是，现在升入了中学，要学那么多的课程，内容的难度也提高了很多，真是觉得很吃力、很劳累。同学们想想，如果我们的知识水平一直停留在小学水平，那么将来进入社会，你怎么去和别人竞争呢？因为你只知道地球是圆的，大雁往南去过冬这种非常简单的、人人都了解的常识。而社会需要高知识水平的人才，我们不可能靠小学那点浅薄的知识就能在社会上立足，所以，学习是要一步步循序渐进的，是要慢慢积累，并且不断地扩充以到达一个新的阶段的，只有经历了初中，并且学好每一门功课，才能让自己的知识宝库越积越丰厚，然后顺利上高中，上大学。明确了这一点，你的学习动机也就相应的明确了，你就会有学习的劲头了。

2. 多反省自己，少怨天尤人

很多同学可能在学习遇到困难的时候，像考试失败，就会把原因归到自己以外的因素上。比如说题目太难了，老师划的范围太大了不容易复习，自己的运气不好，或者考试前妈妈唠叨太多影响了自己的情绪等等，这些都是外在的原因。如果我们经常这么想的话，就会觉得自己对学习无能为力，而且会损害我们的自信心和坚持性，令我们对学习灰心丧气。

快乐学习

但是相反，如果我们多从自己身上找找原因，看看是不是自己的能力和努力还不够，多反省反省自己。这样一来，就容易找回信心，能够有利于我们激发正确合理的学习动机，增强学习劲头。如果我们把学习好坏的原因多多地从自己身上找，更多地看到自己能力和努力的不足，那么，一旦我们成功，就会感到无比的自豪和骄傲，因为，这是通过自己的努力得到的成功，是比任何靠运气等外在的因素得来的成果更令人感到兴奋的。

小明这次在全校的数学竞赛中得了一等奖，高兴得哭了起来，要知道，他以前最怵的就是数学这门功课了。那么多的公式要记，那么多枯燥的数字符号，令他很是烦恼。于是经常抱怨数学太难，抱怨老师讲不明白。后来，被爸爸逼着进了课余的数学补习班，在补习班上，小明发现一起上课的同学都是平时比自己成绩好的同学，"他们学习那么好，为什么还要参加补习班？他们为什么这么用功呢？"他开始觉得应该从自己身上找找原因了，他发现数学学不好是由于自己平时思想太懒惰了，不善于思考、动脑子，并且先入为主地认为数学最难学，所以一看见数学就没了精神。自从找到真正的原因以后，小明便激发了自己正确的学习动机，开始发奋努力了，逼着自己去看数学课本，逼着自己去做题。因为他觉得，别人能学好，自己一定也能够学好。最后，在领奖台上，他激动地说："学习不能依赖别人，要靠自己的努力。"

3. 制定一个合理的学习计划

很多同学可能有这样的学习习惯，就是在不同的学习阶段，会给自己制定不同的学习计划，应该说这是一件好事情。但是，许多同学可能执行计划后觉得收效甚微，或者反而对自己的学习丧失了原有的信心，这是怎么回事呢？原因可能是你对自己的期望过高了，因而制定了一个超出自己实际水平的计划。这样一来，当然会以失败告终。所以，我们要强调的是，学习计划一定要合情合理，不能过高，也不要低估自己的水平。

其实这里要讲的就是我们要学会调整自己的动机水平，我们要知道，并不是说学习动机越高，学习的效果就会越好。如果你在班上处于中下水平，你想在一个星期内变成前三名是不可能的，如果你硬是给自己加上这个迅速提高成绩的枷锁，那么效果只会适得其反。研究表明，中等强度的学习动机会产生最高的学习效率。那么这个强度怎么来把握呢？其实很简单，就是要"跳起来摘桃子"。我们既不要自以为是，也不能妄自菲薄，要在学习计划里设定一个通过自己的努力可以实现的目标。太容易的目标不能满足自己的成就感，不足以激发动机；难以实现的目标，也容易使自己畏难、气馁。而中等难度的学习目标，使自己"跳起来摘桃子"，经过努力可以实现，从而使我们体验到成功的快感，从而激发起我们的学习动机。

举一个具体的例子来讲，比如我们要制定英语的学习计划，详细一点的话可以把每天的具体安排都写下来，什么时间里做什么事情，如：

早晨：6点30分到7点30分，背诵单词，朗诵英语课文，尽量多读，达到熟练

快乐学习

水平。

上午：上课时认真听讲，积极思考，勤做笔记，跟上老师的进度，做到不懂就问。

中午：12点到1点，和同学练习口语，每天设定一个话题，告别哑巴英语。

晚上：6点到7点，复习白天课堂上所讲内容，并且预习第二天的课文。

10点到11点，收听广播里每天的英文节目。

上面只是个例子，还有更详细的学习计划就是把每天要背诵多少个单词，朗读多少课文，做多少英文练习题都一一写下来。要强调的是，一定要根据自己的学习水平来制定，不能因为急于求成，而规定自己一天一定要背诵100个单词，做50页的练习题。这都是无形中给自己设定的枷锁，因为你肯定没法做到。而一旦你完成不了计划中的要求，就会觉得自己无能为力，从而对学习丧失信心。因而，我们可以给自己定下10个单词，2页习题等等这样中等强度的目标。然后，稳扎稳打地去实行。坚持一段时间，觉得比较轻松的话可以加到15个单词，5页习题等等。那么在这种稳中求进的过程中，你就慢慢地激发了自己的学习动机，学习就有劲头了，学习的乐趣自然就来了。

想学，但是学不进去，怎么办

有这么一些青少年，小的时候一直是很优秀的孩子，家里人都为他们感到骄傲，可是上初中之后却越来越不喜欢学习了，上了高中后，厌学的感觉更是日益强烈。他们很讨厌这样的自我，感觉这样实在是对不起家人，有时候甚至觉得自己很恶心，快要崩溃了……

如何减轻学习的惰性？在不少青少年朋友身上，我们都可以明显地看到学习的惰性。

最常见的是：

1. 学得不好的人。他们对学习有着抵触情绪甚至逃避。

2. 工作以后的人。他们往往缺乏学习的韧性。

3. 年龄大的人。记忆力以及对新事物的接受能力下降，学习的难度大大增加，精力不足。看看书就累了，想睡觉。

学习惰性产生的原因很多。主要是：

1. 畏难情绪。这仅仅是心理作用。还没有开始学，就因为听说它难，而开始产生消极情绪。

2. 缺乏信心。这在学习受到挫折以后很明显。

3. 枯燥。学习是多种多样的，学习过程也是丰富多彩的，但是这不意味着某些东西学习的枯燥，特别是一般的学校教育。

4. 过于抽象。与实际生活的联系太少。

5. 语言障碍。特别是方言重的人和留学人士，毕竟不是自己熟悉的语言，学习起来难度很大。

6. 基础知识障碍。基础知识准备得不足，太多地方看不懂的时候，谈学习动力是没有必要的了。

7. 分心。考虑其他的事情太多，可供的选择太多，妨碍了有效的学习。

但是，我们不能不学习。特别是在一些并不是能够直接见效的知识的学习中。

让我们分析一下传统的减轻学习惰性的处理方法。

1. 毅力问题。以自制力作为减轻学习惰性的手段是不可取的。原因很简单，勉强自己只会活得很累、很痛苦。是否能真的坚持下去，对于一般人来说是一个很重要的问题。人都是趋利避害的，这是天性。许多父母抱怨孩子缺乏自制力，那

学习有计划

其实是对孩子有着不切实际的要求。一些人对自己的毅力也产生怀疑。许多学习相当优秀的大学生也会常常感到自制力不够。长期的负情绪会摧毁任何人的毅力。

2. 利弊分析。谁都知道学好了的好处。哪怕再差的学生也一样有着学好的渴望。因为学习成绩好的好处太多了，有社会认可，甚至能得到丰厚的物质奖励。因此，以学好了的前景来教育自己是没有用的。

3. 加强监督。学习本来就是个人的事情。如果学习也必须让别人来看管的话，那么还不如不学，或者改变学习的方法、学习的内容和学习的模式。

推荐方案：

1. 项目法。设定项目，以项目的完成促进学习，以实际的运用来促进知识的学习。林凡顺在31岁以后才开始学德语。他的困难和压力是相当大的。最大的问题是，他捧着一本词汇书或语法书，看不上十分钟就疲倦欲睡。即使他很深刻地体会系统学习法，也难以取得进展。因此，在工作忙的时候，往往没时间就成为逃避学习的借口。但是他要留学德国，计划中也要将业务拓展到德国，与德国企业建立双赢的联系。德语学不好是社会交往中最大的障碍。他到了德国之后，开始设定项目。比较了一下，他从词汇入手，决定编写德语词典。编写词典不等于就能清楚地记得那些词汇，但是，经过了打字、整理、翻译以后，印象比简单地看看书要深刻得多。他的要求也不高，只是留下印象而已，以后在看到时能多多少少有感觉。这就是系统学习法的模糊学习。由于他要发布的是免费的词库文件，他的工作得到了鼓励与支持。词库文件一天一天地增大也让他有了动力和信心。在词库达到他设定的第一阶段目标（6000词汇量）以后，他开始转向语法的学习。这时的项目是编写语法辞典。在为别人造福的同时，自己也得到很大的提高。

2. 内容分解法。将学习的内容化整为零，只需要学一点东西，那么

就会因为学得容易而消除了畏难情绪和消极对抗的心理障碍。对发展需求的适当梳理能够增强信心。

3. 合理情绪法。不要对自己的自制力和毅力有太高的要求。人都是有惰性的。你的学习困难别人一样会遇到。但你的选择不是退缩，也不是逃避，而是正视它。尝试着改变学习的方式和方法，找出一个最舒服、最让自己开心的学习途径来。

4. 背水一战法。在优越的环境中，有时反倒不容易学进去。不如到花园或室外安静的地方学习。靠无可靠，趴无可趴，躺无可躺。这样学习效率也会高不少。

为什么速成学习也是科学的？

很多人都说，学习没有捷径，必须认认真真、扎扎实实地学。这话对，也不完全对。学习需要的是积累，是温故而知新。再好的学习方法，如果不去学、不去记，不加以认真思考，也都没有用。就以系统学习法为例，真正做好树状结构和网状联系，不经过长期的、有目的的努力是不行的。但这不等于排斥速成学习。系统学习法也可以速成，那就是建立知识体系的大致框架，提出一些基本的关系的联系。以这些学习成果参加考试，要获得 60～80 分并不是难事。分析每一种速成法，都可以看到，它们是把学习的难度降低。只有不对人、不对自己过高要求，才可能有信心、有兴趣坚持。坚持才会成功。

大目标分解成小目标是一个很好的做法。每天尝到甜头，每天都用适当的成效鼓励自己，每天都满意于努力和付出，这样就能够坚持。有计划地坚持就是积累。

人应该有大的目标。大目标是对自我的挑战，最能够满足人的发展需求，最让人有自我实现的渴望。

人需要挑战，回避挑战往往让人感觉不到生活的趣味，也渐渐失去应有的动力和紧张。所以，我在学习的时候，总是朝最难的地方进军。我认为，最难的地方都闯过了，其他的没有理由闯不过去，剩下的只是时间、精力和积极地坚持和积累。快速将知识压入潜意识，哪怕遗忘，也无所谓。总有熟悉和不熟悉的感受。有时候就不需要记忆，只需要感觉。

如何应对逃学的心理危机

我是初中二年级的学生。别人都说我头脑很聪明，可就是太贪玩。在进入初二后的这段时间，我上课时总是精神涣散，注意力不集中，下课后却很亢奋，生龙活虎。学校附近新开了一家游戏厅，我心想这下"英雄有用武之地"了，便经常不到学校上课，用父母给的零用钱或是撒谎找理由向父母要钱玩游戏，把游戏厅作为逃避学习"痛苦"的世外桃源。从此，我的学习成绩一天天下降，由原来的优秀生逐渐成为差等生，考试经常不及格，于是，我更加厌学、逃学。我知道，这样下去会毁了我的前程。那么，请告诉我怎样才能克服厌学心理呢？

逃学是青少年学生在上学期间擅自离开学校的行为。逃学是厌学心理发展到较高阶段的逃离学校生活环境的行为。目前，青少年学生逃学心理的产生主要因素有学校方面的因素、家庭方面的因素及学生本身的个性缺陷等。

逃学的危害会耽误人的前程，妨碍人们取得事业上的成功。很多离开学校流落到社会上的青少年，由于没有文凭和能力，很难找到适合自己的职业，最终只能颠沛流离，或者做些劳动强度大、薪水报酬低、危险系数高的工作。而许多找不到工作或无法忍受这种工作的人，就容易走上违法犯罪的道路，毁掉了自己的一生。

逃学旷课是学校教育中的一种"病理现象"，结果往往导致辍学，并常常同违法犯罪行为紧密相连。多次逃学的学生可能会养成习惯性逃学心理，与集体关系疏远，与老师和同学相抵触。逃学也为学生产生不良行为提供了机会，因为这种学生正是坏人教唆犯罪的对象。

怎样才能化解学生的逃学心理呢？

1. 学生个人要懂得交流

最好和父母、老师或者信得过的同学多沟通交流，以求缓解学习压力。逃离学校是最下等的策略，也许可以缓解一时的压力，但是会给未来的生活带来更大的压力。

2. 教师和学校应该激发学生的学习兴趣

教师要采用有效的教学形式，激发学生的学习兴趣，使学生能够主动学习。学校要为学生提供更多的、有益的课外活动，使学生在学校中找到自己的快乐，从而减少他们的逃学行为。

3. 教师应该经常与家长保持联系

一方面了解学生的具体情况，一方面及时向家长汇报学生的在校表现。若发现问题，应与家长达成共识，共同教育，使学生尽快返回学校学习。教师要真诚地关心差生，注意发现他们身上的闪光点，为其提供表现的机会，帮助他们提高学习成绩，避免厌学、逃学发生。

4. 家长应该给学生合理的期望

父母对孩子要有合理的期望。合理地分析孩子在哪些方面占优势，在哪些方面存在不足，引导孩子克服不足，发挥优势。只有这样学生才有信心去应对学习，不会厌学。家长要多关心孩子，经常与孩子交流，一方面让他们感觉到父母关怀的爱，另一方面可以及时地了解其平常交友的情况和活动场所，及时对孩子的行为加以引导。

5. 社会应该加强对娱乐场所的管理

政府应加强对娱乐场所的管理。学生逃学后最吸引他们的地方就是游戏厅、网吧、歌舞厅等，这些娱乐场所应该严格规定未成年人不得入内，管理部门应加强管理，勤于检查，发现情况应及时给予重罚。这样就可以使学生逃学后也无处可玩，从而减少逃学现象。

怎样面对"开学焦虑"

快乐的假期时光总是显得特别短暂，一转眼，悠长的暑假马上就要结束了。眼看着离开学的日子越来越近，一想到开学后紧张的学习生活，没有了假期的"逍遥自由"，有些青少年就忍不住要叹气：这怎么办啊？

为什么会出现"开学焦虑"情绪呢？其实这件事并不难理解，有心理专家归纳了以下几点原因：

第一，假期生活少约束、无规律。假期对于绝大多数青少年朋友而言都是难得的放松机会，经过了紧张的期末复习和考试，很多青少年朋友都想在假期中好好休息一下，不用晚睡早起，没有严格的时间表需要遵守，不必担心老师的监督和管理，也没有同学间的矛盾和不愉快……一切随心所欲。习惯了如此散漫的作息方式，自然不愿恢复开学后紧张规律的作息。

第二，担心新学期的课业学习。升入高一年级，课业的难度自然也会有所增加，面对可能更加忙碌的新学期，青少年朋友心中不免担忧，自己是否能够掌握新知识？学起来会不会感觉很吃力？尤其是成绩不够理想的同学，对此更是忧心忡忡。

第三，假期作业没完成。"前松后紧"是不少青少年朋友的学习习惯，特别是面对暑期这样一个长假，很容易将作业拖到最后。临近开学，作业却仍然没有完成，只好在最后几天熬夜赶工，弄得自己筋疲力尽，又怎会有心情准备开学呢？

无论青少年朋友们是怎样想的，开学的时间的确是越来越近了，因此，趁此机会尽快调整一下自己的身心状态，对于迎接新学期的到来是一件十分必要的事情。

作为家长，可以尽量帮助孩子恢复正常的作息规律。缩短娱乐时间，适当增加学习时间，督促孩子按时起床就寝。对于对新学期心怀担忧的孩子，家长们可以与孩子一起回忆一下学校里发生的趣事，并和他讨论新学期的目标、愿景，使其对新学期产生期待。

作为青少年朋友自己，除了要积极调整好作息时间外，还要对暑假做一个小结，看看自己在假期中有什么收获或需要吸取的经验教训。同时要对新学期做一个大致规划，以便找到新的方向。此外，还可以增加与同学们的联系，让友谊为新学期预热。

良好的开始是成功的一半，希望青少年朋友们能够利用暑假最后的时间，为新学期做一个很好的准备，迈出漂亮的第一步。

遇到不感兴趣的学科怎么办

在学校里，常常有这么一些学生，遇到自己不喜欢的学科时，总是很难看下去书，这该怎么解决？

在这里让我们先寻找一下对某门或某几门学科不感兴趣的原因。

总的看来大概有以下几种影响因素：一是基础不好。这里存在着恶性的循环，由于基础不好会导致不好的成绩，而成绩不佳又会导致学习兴趣的丧失；没有学习兴趣会使学习效率降低，使基础更加不好，如此的循环反复必然会使不感兴趣的学科越来越差，而成绩越差则更没有信心，兴趣也会降低。二是有自卑感。自卑是兴趣的大敌。有些人由于某一科的考试成绩不好就认为自己在这一方面是"低能儿"，从而自暴自弃、甘于落后，这样的思想当然引不起学习的兴趣来。三是"学了没有用"。

有些人认为某些功课学了没用，既不能解决目前的问题，对自己将来的"前途"也没有多大的意义，因此提不起精神来学，往往以"过得去就可以了"来宽慰自己，结果成绩变得连"过得去"都难以维持。对于一个中学生来说，由于学习成绩不好而对某些学科不感兴趣所占的比例比较大。我们都知道基础不是天生的，它主要是由后天的种种因素造成的。基础差是可以通过自己的努力和别人的帮助补上去的，从而培养起学习的兴趣来。那么应该怎么去"补"呢？

一些经验表明，"补缺"可以采用下面两种平行的方法：一是系统地从头补起。建筑师是很注重基础工程建设的，如果发现基础不牢固，不能在它上面建筑高楼大厦时，他是舍得花十倍的精力和代价去清理这块基地并重新建立新的牢固基础的。有人也许会问这样做是不是太费劲了？不错，这样做是费劲了点，但是不这样做还有别的更好的方法吗？没有。学习也是这样，学习的基础太差就得痛下决心重新打好基础。最好是在老师的指导下自学或请人来辅导，每天补一点，日积月累，只要坚持下去，基础就会较为可靠了。二是抓好现在新课程的预习和复习。如果一心扑在从头"补"上，而不注意抓好新课的学习，那么会造成前面的补上去了又增添了新的"缺口"，这样旧伤未好又添新伤，何时才能了结呢？所以应该搞好预习新课，在预习课程中一面熟悉课文，"笨鸟先飞"，一面发现问题，带着问题去听课，在听课过程中有些问题还不能解决的，就及时地问老师，课堂上不懂的，课后再找老师、同学或家长辅导，再通过复习来巩固新知识。这就要求我们把学习新知识与复习旧知识结合起来，采取既有计划又灵活的方法去培养学习的兴趣。

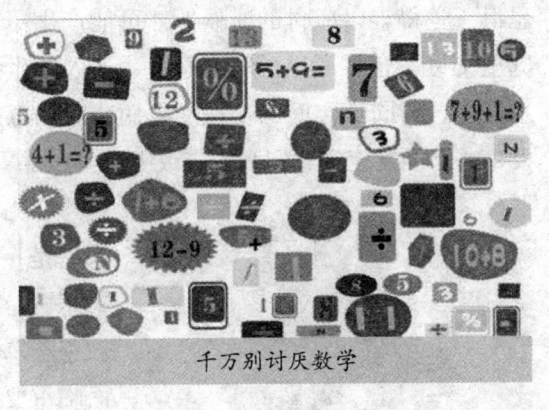

千万别讨厌数学

压力是一柄双刃剑

压力包含两个含义,首先它是指那些使人感到紧张的事件或环境刺激;其次,它是一种紧张的心理状态,是一种主观的感觉。

当你明天要进行一场重要的考试;当你明天要当全班同学的面做一个演讲;当一篇作文要交了,可是你还在一遍遍地修改,担心写得不够好,不能得到老师的欣赏;当一次考试你没有考好,而老师说过几天要开家长会;当你们全班同学明天都要去溜冰场,而你还一点儿都不会……在这些情况下,你感到担忧、焦虑、恐惧,甚至有可能一想到这事就会觉得心跳加速,脸涨红,或者胸口闷,喘气困难……这就是你感到了"压力"。

1. 压力是由什么引起的

一般来说,压力的产生需要一些压力源,即外部的刺激,才会产生压力。在平常的情况下,正常的生活、上学、同学交往,一般来说都会觉得很平和自然,只有到了一些事情要发生,而那些事情会引起你焦虑、恐惧,觉得难以应付的时候,才可能产生压力。压力源包括很多种:家庭里父母不合、离异、家庭暴力、亲人的生病或去世,学习压力、进入新环境、与同学之间的交往、生病或受到意外伤害……当这些事情即将发生或已经发生,它们都会导致中学生产生压力。

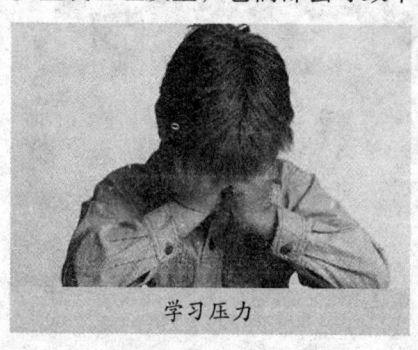

学习压力

压力与很多内在的因素有关。如果它是一件带给你很大消极情绪体验的东西,比如说你曾经因为没考好,被爸爸骂过一顿或打过一顿,那么再面临重要的考试时,你就可能想到那一次可怕的惩罚,而感到焦虑。

压力也与中学生的人格特点有

关。有的中学生属于容易焦虑的人，他们比其他的人更容易产生焦虑，对于他们来说，较少的外部压力就会引起他们很大的紧张反应。比方说忽然被通知要在学校校庆晚会上，在舞台上担任主持人或表演一个独唱，绝大部分人都会感到紧张和有压力。一场重要考试也许会使那些容易焦虑的中学生几天都无法正常地生活，一天到晚都会挂念着考试，吃不香睡不好。

2. 压力会给人带来什么样的反应

在有的情况下，压力并非都是坏事。有的压力是一种挑战，虽然在你努力应对这种挑战的过程中，会有一些紧张，会有一些痛苦，但当你顺利地战胜了这种挑战之后，发现它会给你带来成长和进步的机会。举例来说，老师让你写一篇流畅、优美的英语作文，并让你当众念了之后再让同学们讲评。这可能对你来说压力很大，因为要写好流畅优美的英语作文并不是件容易的事情。然而，因为这个压力的作用，你可能会努力地去学习英语范文，背诵课文获得语感，等等，最后终于写出了一篇不错的英语作文。可能这篇作文的水平让你自己都会感到惊讶，这是自己写的吗？实际上，如果老师没有提出这样一个比较高的标准，你可能就不会努力地和有创造力地完成这样一篇作文，你的水平也不会提高得这样快。

不过，据科学家的研究，压力只有适当时，人的潜能才会发挥得最好，当压力过高或过低时，一般都不会有很好的发挥。很简单的一个例子，假如你平时在班上的排名一直在七八名的样子，这次期中考试你给自己设的目标是进入班上前五名，那么你可能就觉得，虽然有一些压力，但如果努力就有可能达到这个目标，因此你就会努力地学习。而如果你给自己设的目标是一定要达到第一名，你自己也知道，无论怎么努力也不可能在短期内达到这个目标，于是你认定这个目标肯定不能达到，既然无论如何也不能达到，你就渐渐地放弃了对目标的追求，也放松了对自己的要求。而如果你给自己设的目标是进入前十名，那么，不努力也能够达到目标，又何必再花心思呢，于是你也不那么努力了。

然而，压力也有可能使人产生疾病。当人们遇到压力时，大脑经植物神经系统和下丘脑—垂体—肾上腺复合体的输出，启动机体的自然防御，从而应对压力。在这个过程中，会伴随一系列的生理反应，如心脏容量加大、血压升高、较快形成动脉斑及加速磨损的全身状态的改变，也会影响到呼吸反应，并且抑制免疫系统。如果压力长期存在，这些器官和系统的生理变化也会长期保持，从而对机体产生负面的作用。压力会引起的比较常见的疾病包括哮喘、高血压、消化系统溃疡等。

中学生存在学习压力的三种情形

中学生面对繁重的学习任务，面对深夜都难以做完的家庭作业，面对激烈的学习竞争，面对意义重大的中考或高考，往往会感到学习的压力。中学生学习压力问题主要表现在以下三个方面：

1. 不适应学习环境

学习是中学生的主要活动，在其日常生活中占有非常重要的地位。但是，目前由于"应试"教育的影响，中学生承受着巨大的学习压力。由学习所带来的压力也成为他们心理压力的主要内容。研究表明，大约有三分之一的中学生感到学习压力很重甚至极重，这严重影响着中学生的身心健康。

2. 对学习感到恐慌

心理学研究表明，学习压力的适应障碍一方面可以造成中学生认识与情绪方面的困扰，包括焦虑、紧张、悲伤、疲乏、烦闷、易怒、注意力不集中以及记忆力减退等；另一方面，学习压力过大，还会导致中学生的学习兴趣、学习的恒心和毅力、抉择的果断性、做事的信心以及忍耐挫折的能力都会有所降低。

3. 学习效率严重降低

学习压力过大，还会引发中学生一些不良的生理反应，比如，眼睛疲劳、视力下降、头痛、耳鸣、胃肠不好、肌肉酸痛以及失眠多梦等。

这些不良的生理反应会严重地影响到中学生的学习，使其丧失对学习的兴趣，严重厌学情绪，学习过程中易疲劳、无法集中精力、学习成绩迅速下降，等等。

为什么中学生会感到学习压力过重

中学生感到过重的学习压力是学习心理问题的一种表现。通常产生过重的学习压力的原因有以下三方面：

1. 客观因素

中学生的学习能力与学业对中学生的客观要求之间有差距，中学生在客观上难以胜任学习任务或学习环境，就容易导致中学生产生较大的学习压力。比如，有些出类拔萃的中学生升入中学或大学后，却表现平平，环境适应不良往往是一个重要原因，即中学生的学习能力与新的学习环境之间不一致。如果中学生不能灵活应对，或者对新的学习环境缺乏心理准备，就可能导致学习压力过重，引起心理上的不适应。

2. 动机因素

如果中学生的学习动机不合理，学习积极性不够，或者中学生不愿意承担学习任务，对所从事的学习活动并不感兴趣，再或者中学生的学习是为了赢得父母的高兴、老师的表扬、同学的羡慕，等等，那么，这些情况都容易导致中学生主观上感受到巨大的压力感。

3. 期望因素

如果中学生的学习能力与其在学业上的自我期望有差距，自我期待过高，也会导致学生在主观上感到过重的学习压力，觉得自己难以胜任学习任务。这既是一种自我预期过高造成的主观压力，也是目标超过实力造成的客观压力，如果不及时加以消除，中学生往往会进一步产生自卑感。

许多调查结果都表明，学业压力问题在中学生中是普遍存在的。相对而言，成绩较差的中学生的学业压力往往比较容易被人重视，但对于平时成绩较好的中学生，学业压力常常被他人所忽视。

化解学习压力的方法

中学生学习压力问题的表现多种多样，情况较为复杂。下面我们主要从中学生进入新的学习环境后产生的学习压力、面对升学所产生的学习压力、面对过重的学习负担所产生的学习压力三个方面，为中学生提供三种有效的方法。

对于第一种原因造成的学习压力感，主要的缓解对策是中学生要弄清楚自己的学习能力状况，掌握高效的学习策略和方法，从而提高自己学习的效能感和自信心。因此，中学生有必要掌握以下几种认知准备：

1. 努力适应新环境，在心理上对新的学习环境有充分的思想准备，能够灵活应对，这样就会减轻学习压力。

2. 学习往往不是一蹴而就的事情，它可能会充满曲折。

3. 失败只是成功的暂停，不要因为一次学习失败，就萎靡不振。

4. 需要自我激励，但不要过多地自我责备，让自己背上不必要的思想包袱。

对于第二种原因造成的学习压力感，主要的缓解对策是中学生激发自己的学习动机，提高学习的积极性和自觉性，从而改变中学生厌学的消极态度，消除其主观的压力感。因此，中学生有必要认识到以下几个方面：

1. 要根据自己的能力，确定适当的抱负水平，激励自我积极进取的精神。

2. "好之者，不如乐之者"，兴趣是最好的老师。

3. 积极地进行自我反馈，积累成功体验，没有什么东西比成功更能激励一个人进一步追求成功的努力了。

对于第三种原因造成的学习压力感，主要的缓解对策是中学生要正确地认识自己，建立客观的自我概念，学会合理地设定适合自己能力的目标，并对学业上的成功和失败有正确的归因。同时，中学生也要对学习成绩形成正确的认知和态度。因此，中学生有必要树立以下一些观念：

1. 他人是评判自己能力的一面镜子。
2. 要学会与自己比较，看看自己比以前有没有进步。
3. 学习的能力是可以不断提高的，学习的方法是可以不断改进的。
4. 学习成绩是衡量自己学习情况的一个标准，但不是唯一标准。
5. "谋事在人，成事在天"，只要自己全力以赴，就可以问心无愧。

总之，化解学习压力也需要对症下药，对不同的学习压力，采取不同的化解方法。

舒解学习压力的 5 个妙招

为了自己的健康、学习、生活品质都得到良好的发展，中学生必须学着将压力控制在可接受的程度。舒解压力的方法很多，下面介绍 5 种方法。

1. 保持幽默感

培养一点自我解嘲的能力可缓解所受的压力。有一位奥运会游泳冠军在一次比赛中失利了，对此他说了一句话："决赛前有人在看台上冲我大喊大叫，称我为'飞机先生'。然而很不幸，今晚飞机失事啦。"

2. 去运动

压力大时，要学会去运动场上寻求解脱。

可以将足球、篮球当作发泄对象，当完全投入到运动的状态当中去的时候，身体就会处于一种无备状态，把心中的压抑和烦恼全部转换为动力发泄出来。

3. 找他人聊聊

压力大时，不要闷在心里。同他人谈谈自己所面临的问题，比自己一个人心里独自焦急有效得多。

4. 倾听自然界的声音

自然界最能使人心情放松的莫过于听水波声、海涛拍岸声、海鸥叫声……如无法亲临海边，可找一张收录这些美好声音的情境音乐磁带或CD，学习完以后，听一听，尽管处于闹市，却宛如身在海边。

5. 做做"白日梦"

适当地做一些白日梦，是一种相当有效的松弛心理和神经的方法。

成绩突然下降怎么办

××升入初中后，在班级里学习成绩一直是中等偏上，偶尔还有几次冒尖。父母虽然对他有更高的期望，但还算满意；老师也不为他的成绩担心。可最近一次期中考试，他各门功课的成绩均有不同幅度的下降，连他最擅长的数学也不例外。对此，老师百思不得其解，父母则忧心忡忡，他自己心里也不好受。为什么会这样呢？

这种情况的出现，不是××的智力出现了问题，而是他的心理出现了问题。

导致初中学生成绩下降的心理因素是多样的，概括起来大致有以下三个方面。

一是适应不良。从小学升入初中，由于学校环境的变化、老师教育方式的不同、课程门类的增加，学生一下子适应不过来，心里产生"新不如旧""现在不如以往"等想法，影响学习情绪，直接导致学习成绩下降。

二是青春期身体发育带来烦恼。初中阶段的学生身体迅速发育成熟，心理急剧变化，由此会产生许多的烦恼。如生理变化引起情绪波动，产生不必要的恐慌，不能专心学习；或为青春痘而痛苦、忧愁，不能坦然面对学习与生活；自己身材、相貌不理想，社交不顺而情绪低落，学无兴趣。

三是心理品质尚欠成熟。初中学习要求学生具有较成熟的、健康的心理品质，如坚强的意志、明辨是非的能力、独立思考的习惯、沉着稳定的个性、克服困难的决心与勇气等。但有些同学因发育较慢，尚未具备这些成熟的心理品质，学习动机不强烈，容易对学习造成不良影响；或过分沉迷于对歌星、影星、球星的崇拜，对学习缺乏兴趣，或依赖心太重等。

一旦碰到突然的成绩下降，既不能等闲视之，也不必过分紧张。比较妥当的做法首先是仔细分析原因，然后根据自己的具体情况，采取一些相应的措施。

一要学会自我适应。客观分析中学、小学的不同，全面了解新学校的人文、自然环境及各项规章制度，给自己提出新的目标与要求，可以克服暂时的不适应感。同时，以开放的心胸与更多的人广交朋友，积极参加各项集体活动如团队活动等，有助于学生产生归属感，尽快融入新的集体，适应新的学习生活，防止学业成绩下降。

成绩下降不用怕

二要尝试自我调节。了解有关青春期发育的科学常识，积极参加有意义的文娱体育活动，如慢跑、打球、合唱、欣赏古典音乐、阅读中外名著等，以利于增长知识、陶冶情操。正确对待青春期的烦恼，全身心地投入学习，提高学业成绩，防止成绩继续下降。

三要激发学习动机，培养学习兴趣。明确自己的学习目标，制定学习进步的计划，与他人展开有意义的竞赛活动等，这些都有利于激发自己的学习动机，并产生强烈的进取心；有意识地将现在的学习与将来理想的职业进行联系，如语文学习与文学创作、数学学习与从事财会工作、外语学习与译员、美术学习与影视表演、计算机学习与工程软件设计……就可以给自己源源不断地输入强劲的学习动力；多参加有意义的社会实践和课外活动，如环保宣传、标本采集、写生、集邮等，则有利于体验学习的乐趣，增强学习兴趣。只要我们在学习活动中注意不断调整好自己的心理状态，就可以在一定程度上消除成绩下降的阴影，促进学习进步。

我再也没有学习潜力了吗

前不久，我因故停学半年，复学以后，我感到许多方面不适应，明显地跟不上大家。有人说，我学业停了，学习潜能的发展也停滞了，以后要跟上队伍就不那么容易了。难道我真的就没有希望了吗？

心理学家丹尼斯等人在育婴堂儿童剥夺研究中发现，与正常受教育儿童相比，在育婴堂长大的儿童学习上有一种停滞的趋势，即由于剥夺环境而缺少学习机会造成的停滞趋势。心理学上将这种现象称为停滞效应。

停滞效应并不是无法改变的现象，只要消除导致这种现象的原因，或创造避免产生这种现象的条件，"停滞效应"就不能再起作用。

一、改变周围环境

保持和增添自己的学习潜力，很重要的条件之一，就是停学期间要努力创造可以使自己投入学习的环境。这种环境，应该足以使人产生一种学习的冲动，如独立、安静、书卷气息浓郁的书房；整齐、清洁、学习用品点缀其间的书桌等。这种环境，应该能够方便自己自学，如必备的工具书、与学习有关的资料，有条件的最好能配备可以上网查阅信息的电脑，等等。营造一个丰富多彩的学习环境，对停学者保持学习潜力和促进身心的健康发展是十分重要的。

二、创造学习机会

停学期间，可要求老师在可能的情况下帮助补习功课；同学之间也可以互相帮助；还可以请家教；如有可能，也可以让家长临时担负起老师的角色。

三、争取尽早复学

一般说来，一个人中途停学，肯定是有其理由的，或是发生了重大变故，或是患上某种不宜接触外界的疾病，等等。消除了导致停学的直接原因，就可以重新回到学校继续学习。因发生了特殊的事情而停学，要配合家长使问题尽快解决；因生病而停学，要配合医生抓紧时间治疗，争取早日康复。这样，就可以加快复学的进程，尽早回到学校，使因停学而造成的损失减少到最低程度，以后补救起来也相应地会容易一些。

四、适应新的学习

复学以后，要尽快调整好自己的心理状态，不要老想着那些不愉快的事情，也不要受停学期间某些负面情绪的影响，精神饱满地迎接新的学习任务，适应新的学习生活。

总之，为了保证同学们的健康成长，除非因某种不可抗力因素而迫不得已，同学们一般都不宜中途辍学。

需要进一步说明的是，停滞效应并不是学习潜能的发展停滞。停学了，学习潜能的发展并不会随着停止，只不过是这种潜能暂时没有"外在表现"而已。

不要庸人自扰——考试焦虑的化解

考试是我们学习内容的重要组成部分，通过考试，我们可以了解自己的学习状况，发现自己学习的不足，从而明确自己今后努力的方向。然而，现在有越来越多的中学生在考试前后会出现各种各样的问题，尤其是考试前的一段时间里无法调整好自己的心态，出现紧张甚至焦虑等现象。

考试焦虑是在一定的应付考试的情景下出现的以恐惧、担忧为基本

特征的心理、情绪反应。考试焦虑最初的反应表现为肌肉紧张、心跳加快、血压增高、出汗、手脚发冷等生理反应和苦恼、无助、担忧、自我否定、胆怯等症状。随着焦虑的增加，应试者会出现坐立不安、头昏脑涨、注意力不集中、思维僵滞等身心反应。有时还会采取一些逃避的方式，像把书本丢到一边，干脆不复习，什么都不看，或者脾气暴躁、想摔东西等；即使进了考场也是胡乱作答，早早离开考场，或者东张西望，无心答题等。如果焦虑反应和逃避行为过于强烈，会在我们的心里留下深深的烙印，对我们下一次的考试产生消极作用。

怎样避免和解决考试焦虑呢？我们来看看下面这个案例。

老师：我是一个初三学生，想到这个学期将要面临中考，拿起书就心慌神乱，注意力很难集中，学习效率不高，总觉得时间浪费不少，发挥不出最佳状态，想到家长的期待、同学们的竞争、自己的理想，心里就十分着急！

这是一个中学生在心理咨询时候的表述，反映出她面对考试焦虑的情绪状态，这种焦虑是我们经常会遇到的，尤其是快要升入高中的时候。那么应该怎样调节这种情绪呢？我们来看看心理老师是怎么说的。

生活中有一定的紧张情绪是很正常的，就像箭如果想要射得远，必须将弦拉得很紧；球如果要弹得高，必须用力地拍打。适度的紧张，会成为进步与成就的原动力。在人生的路途中，如果有些事情（如考试、升学）是我们的必经之路，那么，我们为什么不用健康的心态，加上合理的策略，有效的行动，化阻力为动力。积极地面对，就是当之无愧的成功者。

心理老师的这一番话是不是对大家很有启发呢。

我们很多时候在面对考试时，常常会表现得过分在意或缺乏信心，这样常常会使自己陷于莫名的情绪中。所以，只有建立健康正确的观念，才会使自己具有向前冲的勇气。

我们给大家来做一个考前的心理辅导。

首先，我们要重视对自己学习实力的充实。如果天天都在想"考不好，怎么办？"只会造成无谓的烦恼，占用了大量的时间，对自己丝毫没有帮助。倒不如把心思和时间花在发奋读书上，或者花在改进自己的学习方法上，这样，有了实力，还怕考不好吗？学习永不嫌迟，什么时候努力都不晚。

其次，要对考试功能有个正确的认识，重视复习考试的功能。不要怕考试，把考试当作评定自己努力成效的工具。考试不但能指出你该努力的方向，也能警告你是否努力了，这样的"好朋友"从哪里找呢？考试可以使我们记取考试经验，提醒自己不要重蹈覆辙。这样一来，才能使今日的失败，成为明日的胜利。

再次，不要把考试结果看得太重，也就是说得失心不要太重。得失心太重，往往使自己患得患失，更增加了心中的压力和紧张。曾经有人恭喜落榜的人，因为，从落榜中他们得到宝贵的经验，也更能了解自己，进而找到适合自己的路。

考试焦虑

同学们，当你出现考试焦虑或者紧张的情绪状态时，试试以下的方法，也许能减轻你的不良反应。

1. 接受它

情绪有时候就像个调皮的小孩，它总是想要和你作对，当太多的情绪困扰着你，并且使你无法静下心来读书时，何不就坦然地接受它，允许它的存在呢？你自己坦然了，它反而就退缩了。

2. 宣泄法

当紧张焦虑过度的时候，如果不采取适当的方法把它释放出来，人就会进入不健康的身心状态，这个时候是比较危险的。合理的宣泄方法有找好朋友聊天、运动、唱歌等等。

3. 放松法

运用以下一些简单的松弛方式，帮助自己缓解压力。

（1）深呼吸。身体坐正，双肩自然下垂，闭上双眼，深深地吸一口气，再缓慢地吐出来。这个方法每天至少做五次，养成习惯以后，效果会一天天地明显起来。

（2）找个安静的地方休息一下，舒舒服服地睡一觉。

（3）洗个热水澡。

（4）放一段轻松、优雅、舒适的音乐，让自己充分地放松。

（5）暗示法。考试前和考试时我们可以对自己进行积极地暗示，主要是通过一些话语来提醒自己不必紧张。我们给大家提供这样几条用来鼓励自己的话语。

我知道我能应付这个考试。

记住！放松！慢慢地！小心地做。

我觉得我有能力去解答这些问题。

成绩并不重要，学会才是最重要。

紧张是正常的，没关系。

我要打起精神，面对这项挑战。

（6）进行适度的运动。我们可以选择这样一些有助于缓解考试压力的运动，像慢跑或散步、做广播体操、爬山等等。

怎么克服考前焦虑

不少高中学生十分害怕考试，特别是数学、物理、化学，总是害怕考不好，每次考试都紧张得不得了，有的同学告诉自己不要害怕，但是还是紧张，甚至到了什么都想不起来的地步。

对于考试紧张，要注意以下九点：

第一，要纠正一个观点：考试就是我紧张，别人都那么轻松应对。其实面对大型的有着相当影响的考试，只要是正常的人都必然会紧张，这是人的正常的心态。为什么呢？大家都会有这样的体会，平时我们很多人只身一人在野外遇到一条大狼狗时，你的心是不是会有些提起来，提起来就是紧张的表现。既然出现紧张焦虑是不可避免和必然的，那么就需要我们接受它、习惯它，将紧张焦虑当成是学习的好朋友，同时用内心的语言告诉自己：紧张就紧张吧，这也不是什么大不了的事情，它不仅不会害我，反而会让我从中受益。这样紧张的情绪就会舒缓许多。

第二，当你感到紧张焦虑的时候，千万不要克制或提醒自己不要紧张焦虑，而是以坦然的心态对自己说：紧张焦虑就让它紧张焦虑吧，反正我豁出去了，大不了明年再补习一次！用不了几分钟紧张焦虑就自然而然消除了。同时要正确认识紧张和焦虑。紧张和焦虑并非全为坏事，这是人面临重要的、紧迫的事情时出现的一种自然反应，这种反应有"预警"和"发动"作用。适当的紧张和焦虑有助于促进我们积极迎考并取得较好的成绩。所以不要一发现自己有焦虑情绪就紧张，认为会影响自己的复习和考试发挥，这样压力就会更大，容易加深紧张和焦虑感。

临考前焦虑

第三，坦然面对和接受自己的紧张。在临考的十天时间里，紧张是身心所调动的一种准备应付瞬息万变的力量，这对于临考的青少年朋友来说是非常正常的。这就是说我们要体验和接受这种情绪，而不是与其对抗。同时用内心语言告诉自己"紧张就紧张吧，这也不是什么大不了的事儿，但是我不能因为紧张而无所作为"；你还可以同紧张心理对话，比如"我为什么紧张呢""我所担心的可能就是最坏的结果""出现了最坏的结果又会怎么样呢"……这样你就做到了正视并接受这种紧张的情绪，坦然从容地应对，有条不紊地做自己该做的事情。

第四，科学实验表明：平日里我们习惯性的思维和应对方式会在大脑皮层留下痕迹，这些清晰的痕迹会直接影响到紧急情况下我们所做出的反应。所以从现在开始进行积极的思维训练——常想"我一进考场就会镇定自若、思维积极、精力充沛"，大脑里就会有个痕迹记载——一进考场就镇定自若、思维积极、精力充沛，当自己真的走进考场时，大脑就会做出指示——镇定自若、思维积极、精力充沛。于是，预言就实现了，想到进考场，就想到"我镇定自若地找到自己的位置，感觉浑身充满了力量，我感觉很好……"选择适合自己的语言积极设想，就利于消除紧张。

第五，当你在答卷的时候感觉到紧张焦虑的时候，你可以做一些简单的放松练习：比如，做深呼吸，慢慢吸气然后慢慢呼出，每当呼出的时候在心中默念"one"；再如，将注意力集中到一些日常物品上。比如看黑板上的一个字或发卡上的一朵花或任何一件柔和美好的东西，细心观察它的细微之处；还如，闭上眼睛，着意去想象一些恬静美好的景物，如蓝色的海水、金黄色的沙滩、朵朵白云、高山流水等，并将自己置身其中，想象得越真切越好。

第六，我们在考试的时候不去考虑能不能考好，而要考虑每道题审两遍：第一遍搞清楚题目的主要意思、内在联系，以及依据什么条件回答什么问题；第二遍看出题的老师要考察什么知识点。这样我们就会以不犹豫、不彷徨、不管结果的状态全身心投入试卷之上，我们的焦虑和恐惧也就会随之消失。

第七，张弛有度，合理作息。在考试前"冲刺"的关键时刻，如果大脑负荷过重，就会导致兴奋和抑制的失调，平时过分兴奋，超过一定的限度，到了考试时就可能兴奋不起来，出现头脑不清晰或思维阻塞。因此，形成科学而稳定的生物钟，不要轻易打破它是非常重要的。考生在复习迎考时，应该跟别人比效率而不是比时间，你觉得自己大脑疲劳需要休息了，就应该放松休息。即使看到别人还在学习，你也不要强打精神，在时间上打疲劳战，做无用功。

第八，积极的心理暗示，强化自信心。给自己积极的心理暗示，因为害怕考试失败的心理比考试本身更容易使人失败，有的考生一走进考场就会不停地担心："我不行了，这次我可能考不好了。"这个心理暗示注定了失败。暗示是一种意念活动的力量，可以影响人的大脑神经及手脚活动能力，消极的暗示使自己的大脑活动能力大大减退，使潜力不能得到很好的发挥，曾经熟记的知识也可能想不起来。如当考试情绪处于紧张焦虑时可默念"放松、放松、放松"；当考生心理烦躁时可默念"平静、平静、平静"；当考生心灰意冷时默念"我行、我行、我行"，等等。保持"正常发挥"的心态。一是不期待超常发挥，有多大力就使多大劲，有多少知识拿出多少知识；二是不期待掩饰缺陷和漏洞，不需要怀着侥幸心理，希望到考试时能一下子聪明起来，不会的题目猛然间会做了。每次考试或模拟考试都是"热身运动"，可以让你进一步查漏补缺，冷静地分析一下成败的原因，不断调整自己，进入良好的竞技状态，考试焦虑自然会减轻或消失。

第九，减压小窍门。①庆祝自己还会紧张：走进考场的时候，很多人都会紧张得很，心跳明显加快，这时候不妨坐下来，对自己说，真应该庆幸，我还会紧张，这表明我至少还活着，只要活着的人就会紧张。②分散注意力：暂时分散注意力，如挑监考人员外表的毛病——看，这监考员怎么戴这么大个眼睛，难看死了；还穿这么老土的衣服，脸上还挤出不少青春痘哩，少见……③咀嚼口香糖：焦虑的时候将注意力暂时转移到一些动作上来。④把拳头握紧，然后放松，反复做几次能够刺激手部穴位，也可以使人平静下来。做这些动作时，眼睛不要看别的考生，以免受到刺激，可以半闭着，调适好以后再睁开。⑤做一做深呼吸。如果遇到考试时突然心慌、不知所措时，做一做深呼吸就能够安静下来。把呼吸节奏放缓慢，甚至暂时捂一下自己的鼻子，都能够减少氧气进入，在生理上达到平和。要缓慢地、有节奏地吸气，吸过以后停一两秒钟再缓慢地、有节奏地呼气，同时感觉胸口的起伏，重复五六次，不但能够镇定，而且还有转移注意力的效果。

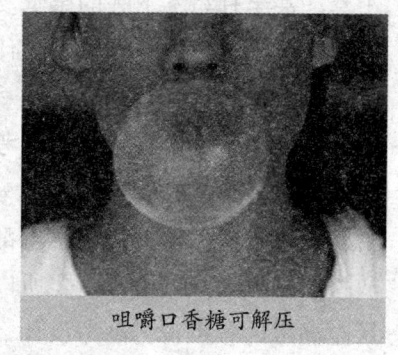

咀嚼口香糖可解压

⑥转移注意力。要每天抽出一定的时间出去与同伴交流，或看看电视、玩玩游戏、参加体育活动等等，这样可以起到缓解压力的作用，同时要适当休息才能保证有一个良好的心态。

怎样调适高考紧张心理

我现在压力越来越大，对高考产生了莫名的恐惧，虽然平时的考试成绩不错，但总害怕高考让人失望。背着这样的包袱，不仅让我身心疲惫，而且考试时不能全身心投入，因为害怕失败，以至于考场上思路完全乱了套，甚至有写不下去的感觉。有时试卷一发下来，脑子里一片空白，好像完全没有学过一样。我为什么会如此紧张？又该怎样调节这种紧张心理呢？

高考考生，没有必要把高考看得过于沉重，只把它当作平时普通的考试，保持平常心就可以了。考前不做心理假想，考试中争取正常发挥自己的水平。考场上每个学生都会紧张，即使最优秀的学生也不例外。放松要从考前开始。考生之所以紧张，就是把高考看得很神秘。很多经历过高考的考生说，高考没什么了不起，考的就是以前学过甚至考过的那些东西，只不过是换了教室，换了监考老师，与平时没有太大区别。

如何才能使考生打破对高考的神秘感，以平和的心态来对待呢？

1. 要正确评价考试

考试是教学过程的一个组成部分。考试可推动同学们对所学课程进行系统复习，从而加深理解，进一步巩固知识。比如"模考"，目的无非是检查学生的知识掌握情况，查漏补缺，以便今后复习，没必要把它看得太重。应将注意力集中在知识的学习和理解上，真正地掌握科学文化知识。

2. 认真学习，充分准备

平时刻苦勤奋、认真学习，考前全面复习，考试时就会充满自信。

如果平时不用功，考前突击，势必引起考试焦虑。

3. 要有良好的心理素质

考试中的心理素质表现在两个方面：一是指个体心理在本身及环境条件许可范围内所达到的最佳状态，二是指能减轻心理问题带来的精神压力以改进和保持上述状态的能力。

4. 克服总复习时出现的厌烦心理

随着总复习的深入，复习的东西越来越多，练习、模拟不断，心里不免产生烦躁情绪。这时候同学们一定要明白"坚持就是胜利"这个道理，克服厌烦心理，下决心坚持下去。

5. 考试时要放松

拿到考卷的最初十分钟内是最紧张的，这时候应尽可能地稳定情绪，放松自己。应该认识到，以前所有的努力已经到此为止，这时候再担心、再紧张也无济于事。考卷上不管是什么题目，也已经是不以意志为转移的客观存在了，应该以坦然的心态接受它，以紧凑的节奏完成它。

考试时要放松

6. 拥有自信心

即使在考试中出现了难题，突然产生紧张感或大脑一片空白，也没关系，可以用转移法，想些鼓励自己的话，如"我有能力考出自己的最高水平""只要尽力就问心无愧"，强迫自己冷静下来，让头脑安静下来。此外，学会自我安慰很重要。例如，倘若这道题自己做不出来，就可以想想别人也未必能做出来。这样便可保持自信，以较好的心理状态完成考试。

7. 养成良好的考试习惯

遇到平时掌握的内容考试时突然想不起来的情况，可以暂时跳过去，先做别的题目，这是比较正确的考试习惯。待别的题目都做好了，紧张情绪已得到缓解，回过头来做这道题目时，失去的记忆就能恢复了，千万不要为了一道题影响了整体的发挥。

如何应对考前心理疲劳

我刚进入高三时信心十足、精神饱满，但到了准备高考最后的冲刺阶段，却发现自己突然变得越来越"懒"了：懒得上课、懒得看书、懒得做题，甚至连以前最喜欢的考试也不愿参加了。每天都是生活的重复，一沓沓的试卷摆在那里，好像一座山，永远也做不完。对学习的厌倦让我对什么都提不起劲来，而且最近一段时间我晚上总是睡不好觉，情绪有些低落，行为变得古怪，经常发牢骚、发无名火，医生说这是考前心理疲劳。请问，我该如何应对考前心理疲劳呢？

所谓心理疲劳是指因心理因素引起的不良情绪，使大脑皮层受抑制而出现的心理现象。之所以产生心理疲劳，从根本上说，是受到人的体力、智力、情绪三种节律运动规律的制约。当三种节律出现运动低谷时，人就产生生理或心理上的疲劳。

现在，中考、高考的竞争越来越激烈，在巨大的考试压力下，一些学生逐渐失去了学习的乐趣，挫折、焦虑、沮丧日积月累而形成了考前疲劳心理，一进教室就产生本能的厌倦。考前疲劳心理对人有很大负面影响。轻者会对学习失去兴趣，产生很强的疲劳感；严重的则会出现嗜睡或者失眠、记忆力下降、精神恍惚、吃不下饭甚至呕吐的情况。

学生学习成绩难以提升、老师和家长的厚望与要求是造成初三、高三学生心理疲劳的重要原因。老师在后期复习中加大了对学生的教学和管理力度，加深了"编筐窝篓，重在收口"的复习理念，加强了从基础到能力、从理论到实践的训练，增加了学生的心理压力。中考和高考科目繁多、任务繁重，搞题海战术是诱发学生心理疲劳的重要因素。当学生长期努力而学习成绩依旧得不到提高时，就会失去学习兴趣和信心，陷入极度悲观和焦虑之中，有些学生甚至会放弃最后的努力。

同学们该怎样做，才能消除考前心理疲劳呢？

1. 摆正位置，调整心态，激发自信心

同学们应根据自己的实际情况，合理确定目标，避免目标过高带来心理压力，学习中一步一个脚印，用不断取得的小成绩鼓励自己，从而增强学习兴趣，恢复自信心，在愉快的心境中消除心理疲劳，学好各门课程。

2. 正确对待社会舆论，提高自我调节能力

同学们要将个人理想同社会需要结合起来，跳出自我设计的小圈子，增强对社会的责任感与使命感，把来自家长、老师和亲友的期望转化为自己前进的动力。

3. 放松自己，保证睡眠

同学们要保证充足的睡眠，防止打疲劳战，影响复习效果。为减轻学习压力，可参加适当的文体活动，让身心得以放松。

4. 塑造良好的个性，营造和谐的人际关系

良好的班集体，融洽的师生、同学关系，对个体能产生良好的影响，会增强克服困难的信心与勇气，并以高昂的斗志、旺盛的精力和健康的心理去迎接中考和高考。相反，疏远集体的、忽视人际关系沟通的、内向的、缺乏自信心的学生遇到困难容易情绪低落，产生心理疲劳。因此，在日常的学习生活中，同学们要努力做到胜不骄，败不馁，懂得失败是成功之母，培养坚忍的性格和坚强的意志，形成热情、开朗、自信并乐于助人的良好品格。

保证睡眠

考前自暴自弃怎么办

初中时英语一直是我的强项，英语老师刚好是班主任，我是班长，在班里又是文艺骨干，可以说是才艺双全了吧。可是上高中以后，我在重点班考试失利，结果被调到普通班。从此，我的成绩开始下滑，从以前的第15名滑到现在的倒数第5名。我曾发奋过，连续一个月复习到深夜一两点，可是成绩不进反退，使我受到很大的打击。于是我不再那么投入了，只要求自己跟上老师上课的进度就行，也不像其他同学那样自己去找模拟题、参加辅导班什么的。我现在真的想自暴自弃了，不想再辛苦地挣扎。尽管现在面临第三次模拟考试，我却已经彻底松下来了，每天很早就上床睡觉。我也很苦恼，请问我该怎么办呢？

有些同学在高考前选择放弃，主要有以下几个方面的原因：

首先是高考带来的沉重压力。高考不像平时的考试。平时考试偶尔题做错了，马虎了关系不大，可以下阶段努力，争取上一次的错误不再犯。高考这种只有一次机会的考试给很多高三学生带来不小的压力。命悬一线，顺利通过就是成功，反之不管什么原因都是失败，谁都没有足够的把握考上大学，压力不可避免。

轻轻松松去考场

其次，心理落差。由于长期缺乏成就感，一再受挫，使这些同学丧失了奋斗的勇气和信心。正如案例中的这位学生，曾经是成绩不错的好学生，本该进重点班，可现在却进了普通班，而且成绩一路下滑，拼命地努力却不见起色，这些困境使她一次又一次地受挫，极大地伤害了她的自尊心，也磨灭了她追求成功的勇气和信心。

那么，遇到这样的情况该怎么办呢？

1. 正确认识考试和高考

一些考前自暴自弃的学生，应该正确认识模拟考试和高考。平时的考试不过是检验你这一段时间的学习成果，以便查漏补缺，纠正以前一些错误记忆的知识。平时的考试失利可能是许多因素共同作用的结果，有很多同学平时考试表现平平，而到了重要的考试，比如高考却"一飞冲天"。关键是要善于总结失败与成功的教训和经验。只要做到发扬优点，克服缺点，那么复习中就会取得很大的进步。

2. 学会自我情绪调整

当遇到家庭意外事件、考试没有考好等负面问题时，产生失落、沮丧和苦闷等情绪反应是正常的。但是，若长时间被消极情绪困扰，就会影响学习效率。这时，同学们可以听听有助于身心放松的音乐，也可以参加体育运动（打球、游泳、慢跑等）来分散注意力。时间是治愈心理伤痛的良药，不愉快事情发生以后，通过自我心理调节，加上"时间可以淡忘一切"的作用，这些负面事件所产生的消极影响就会越来越小，最后自己的心理抵抗能力也得到提高。

3. 及时与父母沟通

考前情绪有很大波动是正常的，要及时和父母交流沟通，了解自己心理变化的原因，创造机会缓解压力，并给予自己最大的支持和鼓励。可以选择在饭后向父母报告复习情况、遇到的困难和压力等。在了解自己心理状态的同时，也给自己积极正面的鼓励。

学习方法篇

学习如何才能不拖延

我是初中二年级的学生，活泼好动，就是有一个拖延的毛病，可把父母愁坏了。每次放假，我总是把书包往旁边一丢，先去痛痛快快地大玩一场，任爸、妈怎么催促也无济于事，作业依旧不肯写，直到快开学了才着急，于是白天黑夜不停地赶作业。不光在学习上，别的事情我也经常有各种借口拖着不做。书桌该整理了，我总会找各种理由推托；脏袜子没有洗，我就以学习繁忙做挡箭牌。我总是这样，自己该完成的事情不抓紧时间完成，爸爸、妈妈一督促，我就找各种借口来搪塞。我想知道，有什么办法能让我不拖延呢？

"日事日毕，日清日高"是海尔集团的老总张瑞敏提出的海尔的OEC管理模式。这句话警示人们，只有把握今天，明天才能写满辉煌。怎样把握今天？三个字足矣：不拖延。孔子曾站在江边感叹："逝者如斯夫，不舍昼夜。"李白也曾吟："生者为过客，死者为归人，天地一逆旅，同悲万古尘。"睿智的先哲们警示我们：拖延不可！一拖百废，成功从何谈起？

从心理学的角度来说，拖延指不能按照自己的意愿行事的心理状态，是常见的意志缺陷，也是许多青少年深感苦恼又难以改正的缺点。处于惰性状态的学生，陷入"拖延—低效能—情绪困扰—失败"的恶性循环之中。为此，他们常常苦恼、自责、悔恨，

惜时的孔子

但又无力自拔,这主要是由于他们想得多,做得少,缺乏约束自己的毅力。

拖延是对生命的挥霍。如果你将一天时间记录下来,就会惊讶地发现,拖延正在不知不觉地消耗着我们的生命;拖延是对惰性的纵容,它会消磨人的意志,使你对自己越来越失去信心,怀疑自己的毅力,甚至会使自己的性格变得犹豫不决。拖延并不能使问题消失,也不能使解决问题变得容易起来,而只会使问题积多,给工作和学习造成严重的危害。

克服拖延心理需要策略。同学们再想拖延一些你不想做的事情时,试一试下面的方法。

1. 及时改变学习计划

学习与生活通常都有"旺淡时期",有时忙得不可开交,有时闲得无所事事。如果长期感到心力交瘁,应重新编订学习计划,及早完成既定任务,腾出时间完成艰巨的学习任务。如果仍旧感到力不从心,应考虑改变学习的方式。如果通过编订恰当的学习计划,让自己觉得学习有满足感、成就感,就会干劲十足而不觉得精疲力竭。

2. 把一天要做的事记下来

把一天要做的事情记在记事本上的好处是能帮助你有条不紊地办事。上课、考试等,当然要准时;至于自由支配的时间可处理一般事情。要谨记一点:今日事今日毕。不要把做不完的事情一拖再拖,导致最后负债累累。

3. 尽量抓紧时间

如果有大段空余时间,请不要呆坐在那里浪费,应抓紧时间,稍事活动,或着手准备下次课。

4. 养成高效率的学习习惯

首先翻查记事本,然后把桌上的次要物品、次要材料收拾整齐,只放与主要学习内容有关的材料,随即集中精神去做既定的事情,查资料,写作业,认真检查,按部就班完成任务。

将任务化整为零

5. 将任务化整为零，分块处理

万事开头难，一旦踏出了第一步，任务便不再如想象中那样困难。其实凡事拖延的成因，除了学生有行动滞后的特点外，无非是恐惧失败或存有顾虑，导致不能把事情做得完美。消除恐惧的办法是将任务化整为零，分块处理，自会事半功倍。完成一部分任务后你就会信心大增，斗志也更旺盛。

差生如何改善学习方法

我们先来看一位学生的苦恼：

我承认自己是一个差生，在老师和同学的眼里，我没有任何优点，家中爸爸疼爱的责备和妈妈的叮咛，更让我觉得自己一无是处，为此，我很自责。我想尽办法去弥补，却无济于事，不管我怎样努力都得不到理想的学习成绩。看着其他同学拿着满意的成绩单欢天喜地地往家赶，等候他们的是妈妈的表扬和爸爸的鼓励，而我只有拿着不及格的试卷准备接受爸爸的责备。我不止一次地问自己：为什么付出没有回报？为什么努力了却还是考不好？

对如今的独生子女，父母把所有的心血倾注在他们身上，因为他们是家庭的希望。幸运的是，自他们出生以来，就被家人宠爱、娇惯，他们有着优异的生活环境与良好的学习条件。不幸的是，从小他们就因父母的期望和家庭的未来牺牲童心童趣，稚嫩的肩膀开始担负起过多的家庭重负，因此过早地卷入激烈的社会竞争中。

在中国自古以来已成定式的教育理念中，无论是家长、老师，还是我们自己，都太习惯于用尖子生和差生、好学生和坏学生来评价同学和自己。其实，差生也可以分为不同的类型。

从智力角度看，有的同学智力不差，很聪明，但是学习态度不端正，不肯下苦功，贪玩，不喜欢做作业，使成绩一直上不去；而有的同学确实不够聪明，反应比一般同学迟钝些，学习方法又不正确，所以尽管很认真地学，但成绩排名一直停留在其他同学后面。

从德育、智育、体育全面发展的角度看，有的同学学习成绩优异，但是在思想品德、行为规范方面却做得不够，违反校纪校规；有的学生思想积极，品德优良，但是学习成绩总是排在最后；有的学生思想品德良好，学习成绩也不错，但是身体健康情况却很差，稍不注意就会生病。

从心理方面看，有的学生不懂未雨绸缪，认为现在就努力还为时过早，从小学开始，自己一路都是靠"临阵磨枪""开夜车"打拼过来的，现在就"苦读"不划算，等到考试时再说，因而成绩难有起色；有的学生平时学习成绩可以，但是一到考试就紧张得要命，甚至失常，越是大考试，情况越是严重；有的学生拼命努力，却还要承受失败的打击，因此产生厌学心理。

那么，差生该怎样调节心理呢？作为"差生"，要明确学习的意义，尽可能地减少厌学情绪，调整好自己的学习动机，提高自己对学习的兴趣，同时还要改善学习方法。

差生更要学会改善学习方法

1. 仔细分析自己的特点

发展自己的优势，切忌盲目追随那些成绩优异的学生。如果你在美术、音乐、计算机或者体育方面有发展前景，你就要主动去发展自己这些方面的才能，争取用自身的特长来弥补考试分数的不足。

2. 以点带面

要根据自身的实际情况，确定两三个可以重点突破的学科，通过这几个学科总结学习方法，掌握学习规律，提高自己的自信，然后再推及其他学科。实践证明，你若是能在几个选定的学科上有所突破，也定会在其他学科上有所长进。

3. 不要急功近利

一次失败不代表以后会一直失败。考不好不要紧，只要自己心里清楚，知道自己已经学会解决一些基础问题了，知道自己已经掌握学习的窍门了就是进步。所以,要告诉自己:没有关系,这次不行,下次一定会提高的!

将问题暂时搁置的做法可取吗

平时我们在学习中遇到一些难度较大的问题无法解决时,老师常常会让我们将问题暂时搁在一边,并说到了适当的时候就不难解决。那么,这种将问题暂时搁置的做法可取吗?

遇到百思不得其解的问题时,干脆把该问题搁置一边而改做其他的事,时隔几小时、几天甚至更长时间之后再来解决它,往往茅塞顿开,答案常可能较快地得到。现代认知心理学对这一现象的解释是:原初的思维(定势性的)不合适,致使问题得不到解决,后来通过暂时放下这个问题,不合适的认知结构得到消除,个体便能运用新的思维方式和新的思路去解决问题。

学习活动中,多数同学都可能遇到类似的问题。可能有人认为将问题暂时搁置的做法是"遇到困难绕道走",或者说是遇难而退、向困难低头。这是一种简单化、表面化、形而上学看问题的方法。

其实,许多问题在某些时候、某种情况下并不是马上就可以解决的,盲目前行既达不到目的,还可能造成失误。"拿鸡蛋往石头上碰"就是指的这种情形,其结果当然免不了粉身碎骨。"明知山有虎,偏向虎山行",那是以有一定的把握为前提的,不是盲目,也不是蛮干。这不是单纯的有无"英雄气概"的问题,而是看你对情况是否胸中有数、是否知己知彼、是否充分估计各种可能发生的问题。在这样的基础上,问题的解决才有较大的把握。

将问题暂时搁置与"遇到问题绕道走"是性质完全不同的两码事。将问题暂时搁置,并不是不想解决问题,而是在当前(短时间)放一放;一旦时机成熟,问题便可重新提出;或者受到某种启发,使人触类旁通;

或者灵感忽至，问题迎刃而解。"遇到困难绕道走"，则是当事者主观上完全没有解决问题的愿望，此后问题将再也不会被提起。因此，暂时搁置是一种解决问题的策略，绕道而行是对现实的一种逃避。

不过，在学习活动中，当我们遇到百思不得其解、需要暂时搁置的问题时，并不是消极被动、守株待兔式地坐等机会到来或灵感产生，而是在时过境迁之后，一旦有了时间、有了精力，就要以积极主动的态度回过头来着手解决这个问题。首先，要找到原初思维的不合适之处，审视一下解决问题的思路是否存在某种"定势"，再看看这种"定势"是否确实制约着自己的思维。其次，如果的确存在某种不合适的思维定势，那就要设法消除这种定势，即改变原来的思维方式，重新寻找解决问题的方向。例如，遇到一条几何证明题，从已知条件中无法找到证明的途径，你就不能机械地单纯从已知条件中去寻求出路，而要考虑是否可用作辅助线、逆向思维、反证法等方式，在直接利用已知条件的基础上，间接地创造条件加以证明。只有跳出原有的框框，改变原有的认知结构，才有可能使问题得到解决。

为什么不能边做作业边讲话

上自修课的时候，只要老师不在教室里，我就会产生一种想要与人讲话的冲动，于是就一边做作业，一边与周围的同学交头接耳、喋喋不休，讲到痛快的时候，还哈哈大笑。为此，班主任老师多次找我谈话，要我自觉克服这一习惯。我想，以往我一直都是这样的，并未发现有什么不好，作业不也照样完成了吗？我想问一下：边做作业边讲话，难道真有什么危害吗？

一边做作业、一边讲话时，大脑同时接受来自外界的两个方面的刺激：一是作业，二是对话者。这样就会在大脑皮层形成两个兴奋中心。这两个兴奋中心要同时对当前两个刺激进行分析、综合、判断，并且要随着它们强度的变化而同时对外界做出不同的反应。这样，大脑皮层上的两个兴奋中心就交替取得优势，你强我弱，我强你弱，但谁也不肯相让，导致注意分散，意识模糊，反应迟钝，严重影响作业的质量，因而尽管题目做得很多，但效率却很低。相反，学习效率高的同学不是这样，他们在做作业时聚精会神，即使教室里讲话之声不绝于耳，也要"闹中取静"，一股劲儿地把作业做下去，由于注意力集中，感知、记忆、思维、反应都很灵活，做功课的效率就高。

有的同学可能会说，一边做作业一边与人讲话，作为一种注意分配是完全可行的。其实这是对注意分配的误解。从心理学上讲，注意分配是指一个人在同一时间内把注意分配到两个以上的客体或活动上。一个人要顺利地分配注意，除了要经过一定时间的严格实践锻炼外，还有一个重要条件，就是自己进行两种以上的活动，其中必须有一种是很熟练的，这样才能把大部分注意分配到较为生疏的活动上。

例如，某人织毛衣的技能很熟练，她就能一边看电视，一边织毛线衣。假若两种活动都是生疏的，都需要高度注意，注意分配就很难实现。如一边做作业，一边与旁人扯漫无边际的话题，这两种举动中都不存在"其中一种是很熟练的"情况，结果必然是顾此失彼。这就用得着人们平时所说的"一心不能二用"这句话了。而且，这种情况下的讲话，其话题多数是杂乱无章、不着边际的，不是天南海北讲"山海经"，就是信马由缰东拉西扯，这是典型的注意力无方向，属于与作业

不能边做作业边讲话

毫不相干的"无关刺激物",它并不具有"注意分配"的属性,而恰恰具有"注意分散"的特征,即注意力无方向,易被无关刺激物吸引,其结果,严重影响了对主要对象的感知和主要活动的进行。因此,注意力分散显然对学习是不利的。再说,一边做作业,一边旁若无人地与同学讲话,总会或多或少地影响其他同学学习的。这样做,既不利己,也不利人。

综上所述,一边做作业一边随便讲话的习惯,实在是一种不良的学习习惯,必须坚决纠正。

为什么有时候学习愈认真成绩愈差

有些同学尽管学习非常认真,但成绩总是不理想,有时甚至出现学习愈认真成绩愈差的怪现象,真使人百思不得其解。这种现象该如何解释呢?

我们知道,心理学上有一个"蔡加尼克效应"。所谓"蔡加尼克效应",是指对未完成工作的记忆优于对已完成工作的记忆现象。当人们接受一项工作时,内心便产生一种完成这项工作的准需求,完成工作便意味着解除心理紧张,或使准需求得到满足;如果未完成工作,紧张状态继续存在,准需求有待实现。这就是"蔡加尼克效应"的内涵——完成任务的动机会促使人对未完成的任务念念不忘,并且还会产生要完成它的欲望。这也就是蔡加尼克效应对增强记忆的作用。

但唯物辩证法同时告诉我们,同一事物往往包含截然不同甚至完全相反的两个方面,"蔡加尼克效应"正是如此。结合开头提到的问题,这里从另一个角度说明:正是由于中途停顿的活动使人们久久难以忘怀,而往往易于导致人们的紧张和焦虑,这是"蔡加尼克效应"的另一面。

随着当代科学技术的飞速发展和知识信息量的不断增加,人们的生活、工作节奏日趋紧张,心理负荷也日益加重,特别是脑力劳动者群体,比较容易产生"蔡加尼克效应"。由于脑力劳动是以大脑的积极思维为主的活动，其特殊性在于大脑的积极思维是持续而不间断的活动，因而紧张也往往是持续存在的，在八小时以外，那些尚未解决的问题或未完成的工作，仍然会像影子一样困扰着他们。

中学生常常也是受这一心理效应困扰的群体。学习是高强度的脑力劳动，同学们不但白天要紧张地听课、记笔记、回答老师的提问，晚上还要看书、做家庭作业，还要预习、复习各门功课，第二天早晨又得早早起床投入到新的紧张的学习活动之中。由于学习活动不受时间、空间的限制，同学们几乎时时刻刻都对学习的事情念念不忘，甚至晚上睡觉时，学习中的问题还在脑子里缠绕……因而尽管同学们有为数不少的假日可供休息，但事实上，大家的精神却始终处于一种紧张状态，时刻感受到这种"蔡加尼克效应"对自己的困扰。这种情形持续时间长了，就会使大家产生一种负重感和压抑感，甚至在休息以及与亲友家人闲谈时，也会产生一种淡淡的失落和焦虑，感觉闲谈似乎是浪费时间。这种淡淡的焦虑和不安，一般情况下可能会随着其他各种活动的影响而减轻直至消失，但在有些同学身上却表现得十分顽固，使人难以解脱和排除。毕业班同学则更是如此，长期的"蔡加尼克效应"使他们身心疲惫，对学习感到一种由衷的厌倦，所以有些同学在大考前夕身体会出现种种不适，或者考试临场发挥失常，功亏一篑。对此现象，家长、老师和同学们如果缺乏心理学知识，就意识不到，也无法采取应对性措施，结果不但影响同学们的身心健康，而且影响大家的学习效率。

所以，我们应该懂得，如果自己对快节奏的学习和生活处理不当或不能适应，就有可能产生紧迫感、压力感和焦虑感，久而久之可诱发心身疾病。因此，大家应该根据自己的学习、心理、生理等具体情况，处理好学习、娱乐、休息三者的关系，注意调整好自己的心态，对每件事情都应该做到"拿得起，放得下"，学会缓解心理上的紧张状态，这是自我保健的一项重要内容，也是提高学习效率的有效途径。

日常生活中，常常有部分同学学习非常认真，但成绩就是不够理想，个别同学甚至"学习愈认真，成绩愈下降"。这固然存在其他因素的影响，如学习方法障碍、智力发展障碍等，但也不能排除"蔡加尼克效应"在我们学习过程中产生了负面作用。学习负担重，长期处于紧张状态，学习效果就会越来越差；效果愈差又会导致愈认真的学习，从而造成学习上的恶性循环。因此，我们不要一下子对自己提出过多、过高、不切实际的要求，要尽量减轻心理上的压力。心理负担减轻了，再加上休息充分、精力充沛，学习状况就可以逐步得到改善。

做家庭作业时可以听音乐吗

一位同学说：我喜欢听音乐，在家一有空，就打开立体声音响。听得来劲的时候，干脆一边听音乐，一边做作业。有的同学说，一心不能二用，边听音乐边做作业，会分散注意力，作业肯定做不好。而有的同学说，听音乐使人心情愉悦，有助于做作业。对此该如何认识呢？

一边做家庭作业，一边听音乐，这不一定会分散人的注意力，因而未必不可取。

现在我们已经知道，大脑分成功能不同的两个半球。一般说来，左半球控制着人的抽象思维、逻辑推理、说话、写作等智力活动；右半球控制着形象思维、音乐欣赏、美术欣赏这类情绪活动。不过，大脑两个半球的分工并未导致分家，它们之间通过一大束称为胼胝体的神经纤维联结成一个整体。中学生的家庭作业主要是写作或计算，着重于抽象思维活动，都归属左半球控制。这时，右半球还处于休息状态，如果打开音响，听听无歌词的轻音乐，右半球会因受刺激而兴奋起来，出现工作状态。有关实验表明，左半球对右半球的这种"兴奋"或"工作状态"是欢迎的，因为在做作业这类紧张的抽象思维活动中，适当伴有音乐，左半球的疲劳就能减轻，提高思维效率，从而促进两个半球的机能和谐发展。

现在，有关实验揭示的这一心理学观点，正在被越来越多的人接受。

正如特丽·怀特·韦伯和道格拉斯·韦伯在《伴随着音乐的快速学习——培训手册》一书中所说："音乐是通向记忆系统的'高速公路'。"音乐对于记忆的作用非常巨大。人们不仅利用音乐来促进记忆，而且利用音乐来促进生产、促进工作。据有关资料介绍，美国、法国、日本的有些工厂，在工人上班时，专门播放"工作曲""鼓动曲"。这些曲子，节奏鲜明，轻松活泼，能兴奋大脑细胞，提高人的生产热情。他们还在许多商店、公共场所、办公地点播放专门的背景音乐。在美国，这种背景音乐是由专门的公司生产的。这种悠扬悦耳的音乐，不但改善了环境氛围，而且提高了人们的工作效率。早在20世纪50年代，保加利亚心理学家和教育学家罗扎诺夫医生在给一些病人做心理治疗时创造了暗示法。他发现暗示不仅对病人有很重要的心理调节作用，对学习和大脑也有重要的促进作用。他把音乐与学习有机结合，通过音乐激发大脑潜能，提出了一种独创的课堂教学法——暗示教学法。他用这种方法教学生背英语单词，学生比平时要多记单词十多倍。这种教学法的一大特点就是一边上课，一边播放古典音乐。据说，它能为学生创造一种使两个半球活动获得平衡的课堂情景，从而弥补了传统教育偏重左半球活动的不足。现在，这种把音乐与学习有机结合的音乐暗示法，已经成为当今世界影响最大的学习方法之一。西方许多教育机构运用这种伴随音乐的学习法，有的甚至把这作为一个重要组成部分引入他们的教学体系。当然，并不是所有的音乐都能做到这一点。一般而言，每分钟50~70拍的音乐能帮助人放松，使人轻易而快速地进入理想的记忆状态，提高记忆速度。如我国一些曲调悠扬的民族音乐等，就可以作为记忆时的背景音乐。

由此看来，做家庭作业时让音响设备播放一些音乐，也没有什么不可以。不过，这里也有一定的要求。首先，音量不能太大。有关专家认为，声音强度只有在30~40分贝之间，才有利于大脑思考问题。其次，乐曲不带歌词演唱，要听器乐曲、轻音乐，因为听了歌词就会妨碍左半球的信息处理。至于有的同学一边做作业，一边听收音机里讲故事或者看电视，那当然是不可取的。

此外，人的个性特点是千差万别的，做作业时是否可以播放音乐，还要依各人的习惯及实际的效果而定，不能一概而论。有的同学并不习惯边做作业边听音乐，认为易受干扰，具体情况自然应该具体对待。

如何应对上课走神问题

我是高中二年级的学生，做事粗心大意，经常丢三落四，总是把一些常用的东西弄丢，做任何事情都难以集中注意力。上了高中以后，这个坏毛病非但没有改掉，反而愈演愈烈。现在最令我困扰的是上课老爱走神。每次被老师点名提问，我都支支吾吾答不出来。我也常常在心里告诉自己："上课一定要注意听讲。"可是不知为什么，上课的时候我依旧走神。为此我还尝试过许多办法，想让自己在课堂上能够认真听讲，但是每次都以失败告终。请问，我该如何克服上课走神呢？

所谓"走神"，心理学上称注意力不集中。注意力是心理活动对一定事物的指向和集中。用通俗的话说，就是我们在做一件事的时候，大脑把全部精力都倾注于这件事而不去关注其他事情。

上课走神

产生上课注意力不能集中的原因主要有以下几个方面。

第一，不能理解老师讲授的内容。老师所讲的知识未能被自己理解消化，听老师讲课，自己就像是听天书，从而提不起兴趣。这种情况主要缘于自己学习动力不足，未能做好预习。

第二，经常被无意注意所控制。外界环境的干扰是导致注意力不集中的重要因素。比如教室外面有讲话声、脚步声，甚至看到窗外的白云都会使自己分神，而对于这些分神的东西又无可奈何，所以注意力无法集中于课堂学习。

第三，在听课过程中，联想到与上课无关的事。青少年学生想象力很丰富，会突然想起小说里的故事情节、刚刚看过的电视节目，或想着放学后和同学去哪儿玩,想着家人或其他事情。如果不加控制,一心二用,自然就走神了。

第四,过度疲劳而无法集中注意力。如果一个人长时间地集中注意力,超过了极限,就会使大脑过度疲劳,导致注意力分散。

那么,同学们该如何使自己的注意力集中于学习呢?

1. 增强上课的目的性

一是上课前在心中默默地下决心:我一定要将这节课的内容当堂消化。实验证明,有这种心理准备的学生几乎能消化当堂课内容的40%左右。二是带着问题听课。认真做好课前预习,有的问题在预习中没搞懂,就应该加倍注意;有的问题书上并没有,而是老师补充的,则要认真听,记在本子上。这样有目的地听课就不容易"走神"。

2. 培养间接兴趣

间接兴趣的培养,一要树立远大理想,使学生明确努力方向或奋斗目标;二要激发好奇心和求知欲,使学生对所学知识保持浓厚的探求欲望;三要为自己树立正确的学习动机,努力为未来的发展,为祖国的繁荣富强而努力学习。用理想的目标激励鼓舞自己,有助于克服上课走神。

3. 情境想象法

无论多么爱走神的学生,当参加重要的考试或竞赛时,他也会集中注意力作答,发挥出最佳水平。请你把每次的作业想象成是在参加某次大考或竞赛,要在规定的时间内做完,提高单位时间内的效率,这样可以使自己真正紧张起来,注意力就自然集中了。正如著名数学家杨乐所说:"平时做作业像考试一样认真,考试时就能像做作业一样轻松。"

4. 自我暗示法

自我暗示能够激发内在心理潜力,调动心理活动积极性,有助于注意力的集中,克服注意力涣散的现象。可以找几张小卡片,在上面分别写上"专心听讲""少壮不努力,老大徒伤悲"等句子,然后把它们放到你平时容易看见的地方。这样,无论你上课听讲还是回家写作业,只要一看到它们,就会提醒自己:"别走神儿呀!"

如何预防学习疲劳

我是初一学生。按理说，学习负担也不算太重，可是在学习中，我还是感觉力不从心。每天做功课一小时左右，就昏昏欲睡，可真睡又睡不踏实；看书看了后面就忘了前面，做作业一遇到略有难度的题，脑筋就转不过弯。我也说不清楚是心理原因还是生理原因。为此，妈妈带我去看医生，医生说是因为学习过于疲劳所致。请问什么是学习疲劳？

学习疲劳是指由于长时间从事学习活动而产生的兴趣下降、动机减弱、身心不适等现象。

心理学界认为，在连续紧张学习一段时间后，很多学生会出现学习疲劳，疲劳的出现是人大脑产生的自我保护性反应，是向人体发出的需要暂停学习、进行休息调节的信号。如果不能及时地调整，疲劳会逐渐加重。最初表现为学习精神不集中、听课走神、记忆力差和学习效率下降；继而会出现呵欠连天、反应迟钝、学习错误率增高等现象；如果还没有进行调整就可能出现心理功能下降、思维停滞、精神萎靡，出现头昏、头痛、失眠、嗜睡、食欲减退等症状。

学习疲劳

学习疲劳是因持续过度学习或学习方法不当而在生理和心理方面产生的倦怠，它会导致学习效率下降。学习疲劳大致可以分为学习生理疲劳和学习心理疲劳两大类。但事实上二者密切相关，难以截然区分。

学习生理疲劳与大脑皮层的内抑制有关。长期学习导致大脑皮层细胞强烈兴奋，消耗大量能量，致使兴奋性降低而转入抑制状态，从而导致学习疲劳。学习生理疲劳的表现主要为：视力减弱、食欲不振、面色苍白、血压升高、大脑供血不足、失眠等。

心理疲劳一般不像身体疲劳发生得那样迅速，所以一个人有了强烈的学习动机和积极的学习态度，就能够较长时间地持续学习而不感到十分疲劳。但是，集中精力持续学习时间过长，就会产生疲劳，使学习的质量和效率受到影响。许多研究指出：紧张地注意、思维和记忆等学习活动，都容易发生疲劳。不愉快的作业比愉快的作业更容易疲劳，学习内容单调也会引起心理疲劳。另外，在异常的气温下，或在湿度下，或在缺氧、噪音、光线不良等环境下学习，也容易疲劳。

疲劳的引起是有个体差异的。由于一个人的生理和心理的特点不同，如身体、能力、气质、兴趣、习惯的不同，都能影响疲劳的发生。学习疲劳是可以预防和克服的。

如何预防和克服学习疲劳呢？

1. 确保劳逸结合

休息是消除疲劳的重要措施。课间应采用活动性休息，下课之后就要走出教室，离开学习环境，放松一下紧张的心情。不要休息时也伏在桌上背单词、做作业，要注意劳逸结合。连续"奋战"只会影响下节课的学习。俗话说得好："磨刀不误砍柴工。"在课间十分钟好好休息，下节课才能更好地"砍柴"。

2. 科学安排学习时间

研究表明，学生在一天或一周内的不同时间里的学习效率和疲劳情况是有差异的。如上午的二、三节课为效率最高时期，而第四节课为疲劳显著时期；一周中的周二、三、四为最佳学习日，周一和周五、周六为思想容易涣散、情绪波动的时期。因此，要注意各科学习时间的排列和搭配。

3. 总结好的学习方法

每天恰当地安排自己的学习内容，一周回顾一次自己的学习方法、学习效率，发现问题及时和有关的老师共同商讨对策，及时调整。

怎样集中注意力

"集中注意力"这个问题，是从上幼儿园、小学以后，老师和家长就不断提醒的问题，但还是有不少青少年学生在上课和看书时，思绪慢慢就不知飘哪儿去了。

注意力的集中作为一种特殊的素质和能力，需要通过训练来获得。那么，训练自己的注意力、提高自己专心致志素质的方法有哪些呢？

方法之一：运用积极目标的力量。

这种方法的含义是什么？就是当你给自己设定了一个要自觉提高自己的注意力和专心能力的目标时，你就会发现，你在非常短的时间内，集中注意力这种能力有了迅速的发展和变化。

要在训练中完成这个进步。要有一个目标，就是从现在开始我比过去善于集中注意力。不论做任何事情，一旦进入，能够迅速地不受干扰，这是非常重要的。比如，你今天如果对自己有这个要求：我要在高度注意力集中的情况下，将这一讲的内容基本上一次都记忆下来。当你有了这样一个训练目标时，你的注意力本身就会高度集中，你就会排除干扰。

大家知道，在军事上把兵力漫无目的地分散开，被敌人各个围歼，是败军之将。这与我们在学习、工作和事业中一样，将自己的精力漫无目标地散漫一片，永远是一个失败的人物。学会在需要的任何时候将自己的力量集中起来，注意力集中起来，这是一个成功者的天才品质。培养这种品质的第一个方法，是要有这样的目标。

方法之二：培养对专心素质的兴趣。

有了这种兴趣，你们就会给自己设置很多训练的科目、训练的方式、训练的手段。你们就会在很短的时间内，甚至完全有可能通过一个暑期的自我训练，发现自己和书上所赞扬的那些大科学家、大思想家、大文学家、大政治家、大军事家一样，有了令人称赞的注意力集中的能力。

集中注意力

青少年朋友们在休息和玩耍中可以散漫自在，一旦开始做一件事情，如何迅速集中自己的注意力，这是一个才能。就像一个军事家迅速集中自己的兵力，在一个点上歼灭敌人，这是军事天才。我们知道，在军事上，要集中自己的兵力而不被敌人觉察，要战胜各种空间、地理、时间的困难，要战胜军队的疲劳状态，要调动方方面面的因素，需要各种集中兵力的具体手段。青少年朋友们集中自己的精力、注意力，也要掌握各种各样的手段。这些都值得探讨，是很有兴趣的事情。

方法之三：要有对专心素质的自信。

千万不要受自己和他人的不良暗示。有的家长从小就这样说孩子：我的孩子注意力不集中。在很多场合都听到家长说：我的孩子上课时精力不集中。有的青少年朋友自己可能也这样认为。不要这样认为，因为这种状态可以改变。

青少年朋友，如果你现在比较善于集中注意力，那么，那些天才的科学家、思想家、事业家、艺术家在这方面肯定还有值得你学习的地方，你还有不及他们的差距，你就要想办法超过他们。

对于绝大多数青少年朋友，只要你有这个自信心，相信自己可以具备迅速提高注意力集中的能力，能够掌握专心这样一种方法，你就能具备这种素质。我们都是正常人、健康人，只要我们下定决心，不受干扰，排除干扰，我们肯定可以做到高度的注意力集中。希望同学们对自己进行训练。经过这样的训练，能够发生一个飞跃。

方法之四：善于排除外界干扰。

要在排除干扰中训练排除干扰的能力。毛泽东在年轻的时候为了训练自己注意力集中的能力，曾经给自己立下这样一个训练科目，到城门洞里、车水马龙之处读书。为了什么？就是为了训练自己的抗干扰能力。青少年朋友们一定知道，一些优秀的军事家在炮火连天的情况下，依然能够非常沉静地、注意力高度集中地在指挥中心判断战略战术的选择和取向。生死的危险就悬在头上，可是还要能够排除这种威胁对你的干扰，来判断军事上如何部署。这种抗拒环境干扰的能力，需要训练。

方法之五：善于排除内心的干扰。

在这里要排除的不是环境的干扰，而是内心的干扰。环境可能很安静，在课堂上，周围的同学都坐得很好，但是，自己内心可能有一种骚动，有一种干扰自己的情绪活动，有一种与这个学习不相关的兴奋。对各种各样的情绪活动，要善于将它们放下来，予以排除。这时候，同学们要学会将自己的身体坐端正，将身体放松下来，将整个面部表情放松下来，也就是将内心各种情绪的干扰随同这个身体的放松都放到一边。常常内心的干扰比环境的干扰更严重。

青少年朋友可以想一下，在课堂上，为什么有的同学能够始终注意力集中，而有的同学注意力不能集中呢？除了有没有学习的目标、兴趣和自信之外，还有一个就是善于不善于排除自己内心的干扰。有的时候并不是周围的同学在骚扰你，而是你自己心头有各种各样浮光掠影的东西。要去除它们，这个能力是要训练的。如果你就是想浑浑噩噩、糊糊涂涂、庸庸俗俗地过一生，乃至到了三十岁还要靠父母养活，或者你就是想混世一生，那你可以不训练这个。但是，如果你确实想做一个自己也很满意的现代人，就要具备这种事到临头能够集中自己注意力的素质和能力，善于在各种环境中不但能够排除环境的干扰，同时能够排除自己内心的干扰。

方法之六：节奏分明地处理学习与休息的关系。

青少年朋友们千万不要这样学习：我这一天就是复习功课，然后，从早晨开始就好像在复习功课，书一直在手边，但是效率很低，同时一会儿干干这个，一会儿干干那个。十二个小时就这样过去了，休息也没有休息好，玩也没玩好，学习也没有什么成效。或者，你一大早到公园念外语，坐了一个小时或两个小时，散散漫漫，说念也念了，说没念也跟没念差不多，没有记住多少东西。这叫学习和休息、劳和逸的节奏不分明。正确的态度是要分明。那就是我从现在开始，集中一小时的精力，比如背诵80个英语单词，看我能不能背诵下来。高度地集中注意力，尝试着一定把这些单词记下来。学习完了，再休息，再玩耍。当需要再次进入学习的时候，又能高度集中注意力。这叫张弛有道，一定要训练这个能力。永远不要熬时间，永远不要折磨自己。一定要善于在短时间内一下把注意力集中，高效率地学习。要这样训练自己：安静的时候，像一棵树；行动的时候，像闪电雷霆；休息的时候，流水一样散漫；学习的时候，却像军事上实施进攻一样集中优势兵力。这样的训练才能使自己越来越具备注意力集中的能力。

方法之七：空间清静。

这个方法，非常简单，当你在家中复习功课或学习时，要将书桌上与你此时学习内容无关的其他书籍、物品全部清走。在你的视野中，只有你现在要学习的科目。这种空间上的处理，是你训练自己注意力集中的最初阶段的一个必要手段。青少年朋友们常常会发现这样生动的场面，你坐在桌子前，想学数学了，这儿有一张报纸，本来是垫在书底下的，上面有些新闻，你忍不住就看开了，看了半天，才知道我是来学数学的。一张报纸就把你牵挂走了。或者本来你是要学习的，桌子一角的小电视还开着呢，看着看着，从数学王国出去了，到了张学友那儿了。这是完全可能的。甚至可能是一个小纸片，上面写着什么字，看着看着又想起一件事情。

所以，作为训练自己注意力的最初阶段，做一件事情之前，首先要清除书桌上全部无关的东西。然后，使自己迅速进入主题。如果你能够做到一分钟之内没有杂念，进入主题，你就了不起。如果你半分钟就能进入主题，就更了不起。如果你一坐在那里，十秒、五秒，当下就进入，那就是天才，那就是效率。有的人说，自己复习功课用了四个小时，其实那四个小时大多数在散漫中、低效率中度过，没有用。反之，你开始学习，一坐在那里，与此无关的全部内容置之脑外，这就是高效率。

方法之八：清理大脑。

收拾书桌是为了用视野中的清理集中自己的注意力，那么，你同时也可以清理自己的大脑。你经常收拾书桌，慢慢就会有一个形象的类比，觉得自己的大脑也像一个书桌一样。

大脑是一个屏幕，那里面也堆放着很多东西，一上来，将在自己心头此时此刻浮光掠影活动的各种无关的情绪、思绪和信息收掉，在大脑中就留下你现在要进行的科目，就像收拾你的桌子一样。当你将思想中的所有杂念都去除的时候，一瞬间你就进入了专一的主题，你的大脑就充分调动起来，你才有才智，你才有发明，你才有创造，你才有观察的能力、记忆的能力、逻辑推理的能力和想象的能力。如果不是这样，你坐在那里，十分钟之内脑袋瓜里还是车水马龙，还是风马牛不相及，还是天南海北，那么这十分钟是被浪费掉的。再有十分钟，不是车水马龙了，但依然是熙熙攘攘的街道，又十分钟过去了。到最后学习开始了，难免三心二意，效率很低。这种状态以后不能再要了，要善于迅速进入自己专心的主题。

方法之九：对感官的全部训练。

上面讲了清理自己的书桌，其实更广义说，还可以进行视觉、听觉、感觉方方面面的类似训练。青少年朋友们可以训练自己在一个时间段盯视一个目标，而不被其他的图像所转移。你们可以训练在一段时间内虽然有万千种声音，但是你们集中聆听一种声音。你们也可以在整个世界中只感觉太阳的存在或者只感觉月亮的存在，或者只感觉周围空气的温度。这种感觉上的专心训练是进行注意力训练的有用的技术手段。

方法之十：不在难点上停留。

青少年朋友们都会意识到，我们理解的事物、有兴趣的事物，当我们去探究它、观察它时，就比较容易集中注意力。比如说我喜欢数学，数学课就比较容易集中注意力，因为我理解，又比较有兴趣。反之，因为我不太喜欢化学，缺乏兴趣，对老师讲的课又缺乏足够的理解，就有可能注意力分散。

在这种情况下，我们就有了正、反两个方面的对策。正的对策是，我们要利用自己的理解力、利用自己的兴趣集中自己的注意力。而对那些自己还缺乏理解、缺乏兴趣的事物，当我们必须研究它、学习它时，这就是一个特别艰难的训练了。

青少年朋友们，不妨这样来做：听老师讲课的过程中，出现任何不理解的环节，你不要在这个环节上停留。这一点不懂，没关系，接着听老师往下讲课。你在研究一个事物的时候，这个问题你不太理解，不要紧，你接着往下研究。你读一本书的时候，这个点不太理解，你做了努力还不太理解，没关系，放下来，接着往下阅读。千万不要被前几页的难点挡住，对整本书望而却步。实际上，你在往下阅读的过程中可能会发现，后边大部分内容你都能理解。前边这几页你所谓不理解的东西，你慢慢也会理解。

小学成绩好，为何中学会越来越差

我们先来看一位学生的烦恼：

我是一名初中实验班的学生。在进入实验班之前，是一所小学的尖子生，小学六年一直都是班级的前两名，也是学校数学兴趣班的学生。后来进入初中半年后，对初一的新知识学习不太好，考试经常犯一些小错误，内心有些焦虑，尤其是看到同班的同学成绩非常好，自己也受不到老师的重视，心理压力非常大，原以为是自己优势科目的数学，现在看来成了学习的包袱，在心理上也慢慢开始放弃对数学学习的兴趣。我现在对数学学习越来越反感，成绩也越来越差。老师，小学数学成绩很好的我在初中学习中为什么会越来越差？

其实这位学生遇到的问题决不是"个案"，据了解，每一届都有部分学生出现这样一些情况，这些情况的出现原因是多方面的，但主要是这些同学在学习过程中，心态把握不好，面对一些问题总是不能适应。为此，我们应该要注意以下一些方面，这样才能对培养一个良好的学习心态有所帮助。

1. 在学习一门课程的开始阶段，要学会忍受困难

学习任何一门新的科目，"开始"是最难的。一旦度过学习初期的不适应阶段，后面的知识再难也只是量的变化，而不是质的飞跃。"登堂入室"就是这个意思。很多同学不能理解这一点，常常"知难而退"，不懂得坚持。人与人在理解新问题、新知识上存在着差异，有的人理解得快些，有的人会慢一些，但后者经过一段时间的积累后，对知识的理解往往也更深刻。在初一上半年出现的不适应，经过不断的努力，会随着时间的推移慢慢消失。

2. 不喜欢老师，并不意味应该不喜欢这门学科

"学习"是自己的事，这句话你应该永远记得。作为父母或老师，只能帮助你学习，并不能代替你学习。有时候，因为某种原因，可能你并不喜欢你的任课老师，但你应该知道，如果因此而招致你不喜欢那门课，受害的只能是你自己。这种自暴自弃的行为是完全不可取的。

快乐学习

3. 不耻下问，并不意味着没有自尊

进入初中后，同学们自尊心越来越强。但自尊心并不意味着虚荣心。有些同学很怕问问题，向老师或其他同学请教，总觉得"丢人"，生怕让老师或同学笑话"这么简单的题目都不会"。其实，只有学懂知识，用成绩说话才能真正在同学间赢得威信；不断地积累问题，得不到解决，成绩得不到提高，要想赢得尊重，只能是空话。

4. 对一门课学习不好，绝不意味着自己不聪明或不擅长这些，而是没有掌握相应的学习方法

一门功课学不好归结为不擅长，这完全是借口。虽然每个同学在不同的领域存在着优势与劣势之分。但在初高中学习阶段，知识的难度完全在大家的掌握之下。某门课，同学们学不好，可能是基础不好，也可能是方法不正确，但绝不是智力的因素。

5. 遇到困难时，实际的用功应代替过多的想法，不懈的努力应多于一时的热情

做任何事都不可能一帆风顺，在学习过程中，肯定会遇到各种各样的困难。一旦遇到困难，只要方法得当，坚持不懈，绝大多数都会解决。但有些同学只会站在困难面前，抱怨这个难、那个不好解决等等，而不愿意埋头苦干、脚踏实地地解决问题。比如，在语文作文学习中，同学们都知道重在平时积累材料，但能够日积月累的同学不多，更多的是，坚持了一两天觉得没什么起色，就不了了之。一名成功者，往往有更坚强的意志。

6. 对"小"问题不要不以为然，一个真正的高手，首先是一个细心全面的人

忽视学习中的细小问题，这在部分"好"学生中尤为突出，认为难度是区分好坏的唯一标准。其实，真正的能够在大型关键考试中考出好成绩的学生，不仅是会做一定难度的题目，更重要的是对知识把握的细心和全面；能够尽量地少犯错误，使自己立于不败之地。

7. 不能盲目追求虚的东西，比如：做题的数量、上了多少堂辅导班、买了几本辅导书等，实际的效果最重要

学习成绩的好坏，最终要由考试说了算。考试考察的是你对知识和技巧把握的熟练程度和深度。因此，一切学问，学到自己的头脑中是根本，形式化的学习只能使你每天都学得很辛苦，但成绩却不见提高。

如果你能领会这些观点并自觉地运用到你的学习之中，相信你的成绩肯定会大有起色。

女生理科真的不如男生吗

上高中后，很多人会说，女孩子小学、初中成绩还不错，一到高中就不行了，因为男生们的后劲这时候全上来了。高一女生珊珊在这方面很苦恼。她说："以前听人们都说女孩大了，智力就不如男孩，我总是很不以为然。可是升入高中以来，我在学习上屡屡出现有些力不从心的现象，特别是像数学、化学、物理等课程的知识，我也能听得懂，作业也能完成，但一到考试时，却总不能考出高分来。我的心中不由得产生了疑惑：女孩真的大了就变'笨'吗？女生理科真的不如男生吗？"

许多家长和女孩子，在遇到学习上的困难时，往往把这个问题与自己是个女生联系。其实，羡慕男生聪明是没有道理的。关于女孩大了智力不如男孩这个问题，美国心理学家托尔曼用了十年时间，采用450个项目进行了测验，他得出的结论是：男女之间的智力水平差异远不如同性之间的差异大，根本不存在谁优谁劣的问题。以下5点可以说明：

1. 高考状元女生多

一项统计显示，近年来，各省市高考状元中女生的数目，尤其是理科的高考状元中女生并不少。根据对2009年高考状元的统计，女生人数占53%，男生占47%。这说明，女生同样可以在理科上取得高分。

2. 男女智力有性别差异

智力水平没有差异，并不说明智力不存在性别差异，托尔曼的测验同时表明：男女居优势的智力因素各不相同，男

男女智力有别吗

生偏重于逻辑思维，视觉、方位知觉和数学能力较佳；女生偏于形象思维，短时记忆、语言能力和颜色、声音的辨别能力较佳。

3. 男女智力有时间差异

一般女生表现早而男生表现晚，所以现实中会有这样的情况，小学时女生显得优秀，初中以后特别是高中阶段，男生显得优秀一些，这就使人产生了一种女孩大了变"笨"的错觉。

4. 男女学习方法有差别

男生喜欢独立思考，注重理解记忆，动手能力强，敢于怀疑已有的结论，勇于实践探讨。女生则习惯于背诵和机械记忆，重分数重模仿，不善于把握全局，在解题遇到困难时，往往求助于课本或寻找类似的例题。所以，有时候我们会看到女生的数学学得不好这种现象。

5. 关键在于学习方法和态度

通过智力的性别差异，我们可以知道，并不是女生就必然适合学文科，男生就必然适合学理科，学得好不好实际上与学习的内容无关，关键在于对学习内容的兴趣、态度、方法，与性别的关系不是一定的。

人际交往篇

"唱反调"不是光荣

逆反心理是客观环境与主体需要不相符合时产生的一种心理活动，具有强烈的抵触情绪。换言之，逆反心理是人们彼此之间为了维护自尊，而对对方的要求采取相反的态度和言行的一种心理状态，一方不让干什么，而另一方就偏要干什么，也就是人们平常说的"爱唱反调"。逆反心理在青少年中表现比较突出，青少年中常会发现一些人"不受教""不听话"，常与教育者"顶牛""对着干"，这种与常理背道而驰，以反常的心理状态来显示自己的"高明""非凡"的行为，往往来自于逆反心理。我们先来看一个故事。

明明是一个初中二年级的学生，在班上总是喜欢和老师、同学顶牛，常常与他们对着干。他和人说话时喜欢抬杠，总是说出与别人相反的观点，别人说这，他偏要说那，老师要他做那，他偏要做这，以此来表示自己有能耐。有时候老师表扬某位同学的成绩好，他偏偏说那位学生有这问题、那问题。某位学生评上了三好学生，他总是对别人产生怀疑和否定；但如果哪位学生受到批评和处分，他反而为其鸣不平，大声叫屈。对学校进行的思想教育和校纪校规教育，他总是采取消极抵制的态度。

在家里，明明也不服父母的管，虽然他知道爸爸妈妈对他好、爱他，可他总说："爸、妈，我都这么大了，遇事我有自己的主见，你们不要干涉我行不行。"他总是认为父母仍然把他当小孩来看，为了摆脱父母的监护和老师的教导，为了所有人能把自己当大人来看，阳阳就遇事抬杠、顶牛，以显示自己的独立主见……

明明对老师、家长的这种态度，被称为"逆反心理"，也叫"逆向心理"。从心理学角度说，所谓"逆反心理"是指客体与主体需要不相符合时产生的具有强烈抵触情绪的心理态度。也就是说，人们为了维护自己的自尊，对对方的要求采取相反的态度和言行的一种心理状态。人们常说，某某人不听话，叫他往东，他偏往西，叫他往西，他偏往东，这就是一种逆反心理的典型表现。

"逆反心理"一词在近年广泛流传，引起了人们的普遍关注。提到逆反心理，每个人都可以举出不少例子。比如：对于先进人物的宣传，人们的反应不仅冷淡，而且反感，甚至诋毁宣传及宣传者；当见到商品广告出现"价廉物美"字眼时，很多人的第一反应是这种商品的质量肯定是次的；有的时候有人说"我一见到他就反感，一听到他讲话就不舒服"。凡此种种，都是逆反心理的表现。

作为青少年来说，叛逆心理是我们成长过程中经常会出现的一种心理状态，是我们这个年龄阶段的一个突出的心理特点。因为我们正处于心理的"过渡期"，其独立意识和自我意识日益增强，迫切希望摆脱成人的监护。我们反对成人把自己当"小孩"，而以成人自居。为了表现自己的"非凡"，就对任何事物都倾向于批判的态度。正是由于感到或担心外界忽视了自己的独立存在，才产生叛逆心理，从而用各种手段、方法来确立自我与外界的平等地位。叛逆心理虽然说不上是一种非健康的心理，但是当它反应强烈时却是一种反常的心理。它虽然不同于变态心理，但已带有变态心理的某些特征。如果不及时加以矫正，发展下去对成长非常不利。

逆反心理在本质上与创造性的个人素质有着根本区别。它往往是孤陋寡闻、妄自尊大、偏激和思想不成熟的产物。如何克服逆反心理呢？

1. 培养社会心理适应能力

在广阔的社会中，磨砺自己的思想情操，树立正确的人生观和世界观，去做一个对社会有贡献的人才。

2. 从积极的意义上理解大人

父母的啰嗦、老师的批评都是善意的，老师、父母也是人，也有正常人的喜怒哀乐，也会犯错误，也会误解人，我们只要抱着宽容的态度去理解他们，就不会产生逆反心理了。

3. 正确认识自我，把握自我，努力改善自我

平时要经常提醒自己，虚心接受老师和父母的教育，遇事要尽力克制自己，要知道，退一步海阔天空。另外，还要主动与老师和父母接触，向他们请教，这样多了一份沟通，也多了一份理解。消除逆反心理还要善于运用自我疏导的方法。比如运用心理换位法去理解他人的心情，减少对他人的责难和埋怨。

4. 提高文化素质和想像力

广闻博识是一个根本途径。一个有着广博知识的人，凭直觉就应该知道逆反心理的荒谬之处，从而采取更科学、更宽容的思维方式。逆反心理往往是因为人们对一件事物缺少多渠道解决问题的能力而产生的。其实，一个问题往往存在很多可能性，只是我们的思想太狭隘，才会否定别人的看法和建议。如果我们能多用想像力，多角度看问题的话，就不会盲目地和大人"对着干"了。

对怀有逆反心理的人来说，努力培养起自己的想像力是十分必要的，它有助于我们开阔思路，从偏执的习惯中超脱出来。宽容的思想方式和丰富的想像力可以通过自我不断的思维训练来获得，它能激发出我们的创造力。

总是与父母谈不拢，怎么办

小萍，今年16岁。她最烦的就是待在家里，而最讨厌的就是父母对她管手管脚。小萍爸爸很严厉，每次看完新闻后他都要叫小萍去做作业，其实小萍心里想，即使没有爸爸的催促，她也会去写作业复习功课，可小萍的爸爸偏偏要来烦她："还不赶快去看书！"小萍觉得爸爸越这样说她就越不想动。小萍的妈妈更是唠叨，芝麻大的小事也啰嗦个没完，从上厕所到睡觉她无一不管。有时有男同学打来电话，他们也非得刨根

问底不可，生怕小萍在外面乱交朋友。小萍认为这是他们不信任自己的表现，慢慢地她觉得跟他们根本没什么可说的，待在家里很压抑，自己迟早要被逼疯掉的。

相信小萍同学说出了很多同龄人的心声。很多同学都向朋友吐苦水："每当我要穿款式入时的衣服时，当我给朋友打电话时，当我在父母面前议论社会、人生问题时，或当我想做自己的事时，我总受到父母的指责与非难。对我的一切，他们都看不惯！因此我常感到委屈难受，以至于经常与他们顶撞。"而不少家长也抱怨进入青春期的孩子越来越不听话，越来越难以理解。他们之间经常发生口角，关系闹得很紧张，这使父母与子女都感到非常痛苦。

进入青春期确实给家庭的和谐带来不小冲击。青春期也叫"第二反抗期"。这一阶段的孩子身体日渐发育成熟，思想也正发生着急剧的变化。他们对社会已有一定的了解，觉得自己已经是个大人了，迫切希望以成人的方式融入这个社会，同时也要求旁人能以看待成人的眼光来看待、接纳他们。这一要求独立的现象也称"心理断乳期"。

进入"心理断乳期"的男孩、女孩

许多家长都感到，子女一进入中学后，性格就变了，不像以前听话了，这便是"心理断乳期"的真实写照。这时期的青少年们往往觉得自己已经是个大人了，要求家长不要再把他们当小孩看，不要过多干涉自己的事；喜欢关上门，自己写日记，听流行歌曲，不再在父母怀里撒娇；见到同学伙伴会表现出不好意思，最好父母不要在场；有事也不愿与家长商量，常为了鸡毛蒜皮的小事与父母发生争吵。而家长却习惯于把自己小孩的年龄看得比实际年龄小，认为他们还不成熟，需要父母保护。这样就不可避免地会在两代人之间产生矛盾，"代沟"一词也悄然而生。

心理"代沟"是较为普遍存在的现象，主要指父母与子女之间心理上的差异和差距，以及由此引起的种种心理问题——责怪、抱怨、烦恼、苦闷和压抑等。它是随着青春期身体发育后的自我意识增强而产生的，

是一种正常心理发展的伴随现象。如我们经常可以发现：思想上，父辈比较务实、保守，而我们年轻一代自由、创新、开放；生活上，父辈重实际，较少注意物质的享受，而我们则多幻想，比较重视享受；行为上，父辈喜欢维持传统的行为方式，处事谨慎、冷静，认为做事应有原则，稳打稳扎，而我们则喜欢冒险性的活动，敢作敢为，没有太多约束。这些都是"代沟"的具体表现。

其实，两代人的差异是客观存在的，这是由他们的社会阅历和价值观决定的。两代人的身心处于不同的发展阶段，在社会上的地位和责任不同，成长环境和社会角色不同，这就造成了彼此的基本生活方式、价值观等方面的不同。心理"代沟"现象对青年人具有双重意义，一方面意味着青少年开始寻求独立，心理趋向成熟，有了积极的社会化意识和动力，开始要求适应社会，为以后的独立生活做准备；另一方面也有消极不利的一面，如使家庭关系紧张，得不到父母有益的关怀和帮助，甚至在缺乏社会经验的情况下走上歧途，或导致心理障碍。比如，有的青少年为表示自己对父母干涉的不满和宣誓自己已长大成人，竟然采取离家出走的方式来作为对父母的反抗。

对于大多数现代家庭来说，也是造成青少年与父母产生距离的一个原因。父母对自己的独生子女一般都照顾得无微不至，对他们的未来倾注了全部的希望，尽自己最大的努力使子女获得更好的教育。但是，由于更多地关注孩子的学习，他们很少与子女进行心灵的交流，而缺乏对他们内心世界的了解，造成了双方心理上的沟通产生困难。

青少年们渴望成熟，可成熟是什么？是独立自主的意识，良好的控制能力，对社会、他人和自我的正确的认知。而盲目、冲动和抵触都是幼稚的表现。青少年对自己父母的极端态度实际上是未经自己深思熟虑的，是盲目的反叛，是抛弃理智而过于感情用事的结果。如果和父母发生了矛盾只会大喊大叫、哭闹、负气、离家出走，那么我们在他们心中将永远是个没长大的孩子的形象。学会成长是一个漫长的过程，绝非一朝一夕可以达成，需要我们长久的磨砺。

真诚虚心地接受老师的忠告

老师总是希望把自己的经验告诉给学生："好吧，你到办公室来，我和你好好谈谈。"可是有很多学生很厌烦这种"说教"。"他总是把我当作小孩子，认为我什么都不懂，为什么老师都是这个样子？婆婆妈妈的。"如果孩子在心里这样想，脸上自然会表现出厌烦的表情，目光溜向了别处，手脚不停地移动，左耳朵听进、右耳朵冒出。这时老师就会中止谈话。在自己的学生"逃离"的同时，老师的心情会是什么样子呢？他会感觉到自己是在对牛弹琴，枉费了自己的一片好意。在他失落的同时，他会对自己的学生很失望。

老师的忠告是有分量的，他既有当过学生的经历，又有面对学生的实践，所以老师的忠告是一种精练的新认识，既能纠正孩子过激的观点，又可以帮孩子找到一条切实可行的道路。

"不！我需要精神上的自立，我要走自己的道路，我知道事情该怎样做。"其实，孩子的这种想法与老师的观点根本不冲突，老师的忠告只是提醒孩子少走弯路而已。所以，中学生应虚心地多听取老师的意见，只有好处，没有坏处。在老师的心目中，总是很偏爱那些善于接受忠告的学生，因为其诚挚的态度会让老师感到一种受尊重感。只要孩子的行为在接受忠告后稍微作一下改变，老师就会有一种成功的喜悦。这是长辈们的普遍心理，他们会觉得在孩子的成长道路上自己起到了十分重要的作用。

另外，老师在忠告学生的同时，也会使自己紧张的情绪得到一种宣泄，心情也会因此而好起来。面对孩子虚心而专注的表情，老师一定会满怀欣喜。

接受老师的忠告

所以，在受到老师的忠告时，中学生们千万要专心致志，不要东张西望、一副心不在焉的样子。如果能时不时地附和一下老师的观点，表示已经明白并接受了，那样效果会更好。

在和老师谈话结束后，别忘了坦率、真诚地说一句："谢谢老师，我会按照您说的去改变自己。"这样，你在获取经验的同时，也赢得了老师的好感。

理解老师的"爱心"与"偏心"

人们常称老师是"第二父母"，其实，师生之情的内涵要比亲子之情更加深刻。因为，师爱比父爱更严格，比母爱更无私。即使老师有时有些"偏心"，家长也要引导孩子正确地对待。

恐怕没有一位学生不想享受那和风吹拂的师生之情，但是，为了纠正学生的基础偏颇，为了使学生更能成长为守纪律、守规矩的人，老师往往又是非常严厉的。其实，即使是对孩子的批评，也是老师爱他们的一种表现。

1. 理解老师的爱心

中学生应该懂得，老师对学生的爱不是一种单纯的感情投入，而是通过理性培植起来的一种普遍的社会责任感。在我们国家，师爱生是教师忠诚于人民教育事业的一种表现，是爱党、爱祖国、爱人民的具体体现，是一种基于献身精神的无私纯洁的感情。教师的爱具有自觉性、原则性、普遍性和恒长性。

有少数孩子把老师基于关心、爱护的严格要求视为"束缚手脚的绳索"，把敢于和老师顶撞、争吵看作是勇敢、有"男子汉气魄"，有时还故意搞恶作剧使老师下不了台。这样的孩子很难在学习上取得进步，也绝不会由于此种敢出风头的行为而博得同学们的好感和拥护。

当然，老师毕竟也是凡人，他们身上或多或少都会存在一些缺点或不足，就像园丁为树苗和花草浇水、施肥、剪枝、除草时也会有误折枝叶、水肥施用不均的差错一样。这就需要学生理解、体谅，能够诚恳、友好、恰当地向老师提出。大多数教师都会乐于接受的。"教学相长"，没有包括批评、建议在内的学生意见的反馈，教师在各方面都很难提高。

2. 冷静对待老师的偏心

从伦理道德的角度讲，老师应该把爱的雨露均匀地洒向每一位学生，不管是男的、女的、丑的、俊的、学习好的、学习差的，均应一视同仁，不可厚此薄彼。但是，作为一个有血有肉的人，老师也有自己的喜怒好恶，也难免产生情感上的某些倾斜。研究发现，绝大多数老师对于品学兼优、聪慧好学、谦虚上进、尊敬师长、礼貌大方的学生是喜欢的；而对那些品学皆差、不思进取、目中无人、骄傲自满、不懂礼貌的学生是不喜欢的。老师对自己喜欢的学生会有意无意地表现出"偏向"。当然，也有少数老师所喜欢的学生并非品学兼优，不过他们投老师的脾气，讨老师的喜欢，这种情况并不多见。

冷静对待老师的偏心

如果老师有偏心现象，中学生可按下列要求去做：

首先，应从自己身上寻找原因，看是否在品质、学习、行为等方面有使人不喜欢的地方。当自己觉察不到时，可以请老师、同学或好朋友指出，以求改正。

其次，要避免从心理上产生错觉，有时老师批评了自己，表扬了其他同学；或对其他同学委以重任，对自己不予安排，这些并不能说明老师不喜欢自己。

最后，即使由于种种原因，学生发现老师确实偏心，不喜欢自己，也不必太在意。对老师仍要尊敬如常，要把注意力集中在自己应该做的事情上，搞好学业，注重自身修养；不能舍本逐末地刻意追求老师的表扬，故意讨老师的欢心。只要走好自己的路，做出成绩，包括老师在内的其他人都会对你刮目相看。

怎样消除老师对自己的误解

人与人之间发生误会是很正常的，老师和学生之间的误会时有发生，那么，该如何对待老师的误解呢？

首先，与老师产生矛盾时，一定要冷静地客观分析，避免主观猜测、感情用事。

一般来说，老师和学生间产生矛盾或误解都是由学习活动引起的。老师都希望学生喜欢他们教的课程，希望学生都能把他教的这门功课学好。老师围绕着学习所进行的批评动机都是善意的，也都是对孩子的高标准要求。但有的老师批评孩子时也会出现些失误，在事实上有些出入，从而引起孩子的抵触情绪。被批评的孩子会认为老师是看不起自己或故意和自己过不去。遇到这种情况，中学生一定要依据客观事实进行分析，看老师到底有什么看法，不能只凭主观就得出老师对自己有成见等结论。好好想想，老师是教知识的，学生是学知识的，老师无论提出什么批评都是针对学生的学习状况展开的，又没有个人的恩怨，怎么会产生成见呢？如果中学生能客观分析，就会消除偏见，增进师生间的沟通。

其次，要做到有理让人、无理认错。

学习上的事，师生间如果出现误解，中学生要站在老师的角度设身处地地想一想，老师是不是故意地站在自己的对立面，自己的言行有没有什么误导。通过互换位置理解，就会认识到，班级里那么多的同学，老师要想真正做到有的放矢地进行教学和教育工作也是很困难的。他们对问题的判断也不一定就准确无误，出现些误解也是正常的，没有什么值得大惊小怪的。如果问题存在，就作为借鉴也是有益的。师生间出现些暂时的误解，中学生应本着有理让人、无理认错的态度，这样才能把事情办好，从而消除误解，改善师生关系。

给老师提意见的三种技巧

金无足赤，人无完人。虽然老师是人类灵魂的工程师，但他们也有不同程度的不完善。因此，可能有不少中学生对自己的某位老师不满意，甚至产生这样那样的意见。有意见不可怕，关键是要有正确的态度，适当地提出自己的意见。

那么，该怎样向老师提出意见呢？

1. 要用商量的口吻

在向老师提意见的时候，一定要注意方式方法，讲究语气语调，最好是采用一种商量的口吻。比如在针对一道题的时候，自己想到一种方法，觉得比老师的更好一些，可以这样说："老师，这道题我采用了这样一种解法，和您讲的有些不同，您看可以吗？"

以这种方式提出自己的观点和见解，是对老师足够的尊重。大多数情况下，老师一般都会愉快地接受。如果学生的观点不正确，相信老师也会很耐心地讲解和纠正。如果老师发觉学生所提方法确实不错时，说不定还会予以表扬。

给老师提意见要选择合适的场合与时机

2. 要选择合适的场合与时机

在某个场合和时机说，听的人不仅不会接受，而且还有可能迁怒于人；但在另外一个场合和时机说，他不仅会愉快地接受，或许还会表示感谢。所以，把握住时机和场合，见机行事是最关键的，对老师提意见也是如此。举一个例子说明一下。

如果某一位老师正在课堂上讲课，有学生突然发现某个地方有误差。

这时候，如果学生连考虑都不考虑，站起来直截了当地就指出老师的误差所在，除个别老师会坦然接受外，大部分老师会显得相当难堪，有的甚至会据理力争，强调自己的说法是正确的。

无论老师采取哪一种态度，相信他们的心里都会很不舒服，甚至怪罪于学生。老师不是完人，他出现错误是一件很平常的事情，学生指出错误也并没有什么错，但所选择的时机和场合却非常不恰当。

因为老师正在讲课，学生这样做，不仅是打断了老师的思路，干扰了教学计划，以致影响了其他同学的学习，更主要的是降低了老师在同学当中的威信。不管承认与否，大多数老师都是相当讲究自己在学生面前的形象的，也可以理解成是面子。学生这样做，无疑让老师没有面子。

3. 要采取坦诚的态度

所谓坦诚，就是不要藏着掖着，话到嘴边还留三分。话说得含含糊糊，讲得不明不白，不清不楚，很可能就达不到预期的效果，甚至还会给老师造成一种错觉，觉得学生有什么事情瞒着他，老师因此而产生怀疑，说不定又会出现许多无中生有的事情。

所谓把握好分寸，该说的要说，不该说的千万不能说，意思就是在给老师提意见的时候，针对性应该特别强，针对一件事情就事论事，不要扯得太远，牵涉的范围不要太广。而且话还不要说得太肯定，太绝对。千万不能说自己是绝对的对，老师是绝对的错之类的话。最好是用一种试探性的口气，把自己想要说的话说明白就行了。

总是害怕别人超过我，怎么办

有一名高三学生说：我是一名文科生，刚刚考完的省质检卷成绩达到610分，我具备冲击重点大学的实力。而我的同桌总喜欢来跟我比，尤其是考试成绩。这令我相当反感。他有一次甚至直接在我面前说："我一定要超过你！"我觉得自己很不自信，总是害怕别人超过我……

这位同学的学习成绩好，应该说是全班同学学习的榜样，也是所有同学的竞争对手。你的同桌以你为榜样，并向你发出挑战的信息，这显而易见是很自然的事儿。作为成绩优秀的你，就应该以积极的姿态来响应这个挑战。再说你的这位同桌，在认定的目标之上尽自己最大的努力，在这一点上很可能正是你有所欠缺的，所以令你"相当反感"。如果你转换一个角度来看问题，同时把对方与自己设置在一个起跑线上，与其共向一个目标坚韧、顽强、按部就班地低头耕耘，并同时养成相应的行为习惯，那么将来你无论做什么工作都会摧枯拉朽、战无不胜，到那时幸福的人生在任何时候都会与你在成功之巅握手言欢！

你说："由于长期以来，我对他存在着一种戒备心理，因此上课总会去留意他，尤其是担心他转过来看我，看我在做什么等等，这让我甚是烦恼。我明明知道他不可能超过我，可却还是那么在意，好像担心他从我身上看走什么似的。"本来这是很正常的。这是因为既然他向你发出了挑战的信息，那么你就会自然而然地去关注对手在干什么、怎么干的等等，这叫"知彼"，所以这是很正常的心理和行为表现。然而你却怀疑是自己"很自私""对同学大不敬""欺负老实人"……进而否定自己的正常心理，并有意识地进行摆脱，殊不知怀疑是一种心理能量，会对心理形成一种压力。怀疑的心理压力、否定的心理压力，再加上自己有意识地摆脱的共同作用之下，心理压力就会更加沉重，进而使你很难集中注意力学习。这种很难集中注意力学习又会促使你更加关注对手在干什么、怎么干的等等，久而久之就形成了恶性循环，出现你所述的问题也就不足为奇了。

针对这种情况，首先要确认自己关注对手在干什么、怎么干的等等，是很正常的心理和行为表现。既然是很正常的心理和行为表现，那么我们也就会以平常的心态来对待，自然而然你的这个问题也就会逐渐减轻或消失。

其次，采取顺应自然的态度。当你在学习时无意关注对手在干什么、怎么干的等等而产生不舒服的感受时，不能紧张，不能强迫它消失，而应坦然接受，以放松的心态对自己说："关注就关注吧，没什么大不了的！"也就是要以平常心来对待，不要把它看作是什么大不了的事情，就像对待天气的变化一样——顺应自然，该做什么事就去做什么事（该听课就听课，该睡觉就睡觉，该与同学玩乐就玩乐），坚持把自己该做的事和能做的事做好。慢慢地你的心绪就会放松，你的紧张焦虑就会得到平息，久而久之，当你真正得到了放松之后，这种表现也就逐渐消失了。

再次，当你过分关注对手在干什么、怎么干的而影响学习的时候，你还可以采取"橡皮圈"提示的方法，适时提醒自己集中注意力学习。在手腕上戴一个橡皮筋，当关注对手在干什么、怎么干的而影响学习时，就及时拉橡皮圈弹击自己，提醒自己把心思转移到学习上来。

和同学理性竞争

最后，从现在起每天至少抽出一个小时的时间出去与同伴交流，可以向你要好的朋友倾吐内心的烦恼，抒发受压抑的情绪，从中得到安慰鼓励，使心情开朗起来。或看看电视、玩玩游戏、参加体育活动等，使郁闷和烦恼的心绪得以宣泄，进而达到缓解压力、消除过分关注对手在干什么、怎么干的而影响学习的目的。

总之，自己的生命掌控在自己的手中，只有自己才是改变自己命运的主宰者。

中等生很苦恼，怎么办

有个高中生说：自从上高中后，我的学习成绩越来越差，同学们似乎有点瞧不起我，因此我与同学之间的关系也就疏远了。我真的很难过，我看到很多同学对学习成绩比较好的人态度都不错，可一看到我就爱理不理。我心里满是嫉妒与恼恨，因此我也不想和他们在一起交流。以前我一直相信自己应该有不错的能力，很争强好胜的，可现在，我一点斗志都没有了，我觉得自己是个十足的失败者！

世界上没有无缘无故的成功，也没有无缘无故的失败。你把自己的成功与失败都归于上天，让上天来替你承担责任，这就是你要找的理由吗？我想，你恐怕连自己也说服不了吧！优异的学习成绩是你自信的支撑，没有了好的成绩，你的自信也就丢失了，可也不能因为一时的失败就全盘否定自己。

高中与初中不同，学习效率的提高和学习方法的改进都需要自己去探索。还有，你觉得同学们因为你成绩不好就漠视、疏远你，这可能是因为你的自卑感使你先疏远了你的同学。如果你总是以一副拒人于千里之外的样子对待别人，那让别人怎么靠近你呢？不要再为自己的失败找借口了，鼓起你的斗志，勇敢正视现实，"争强好胜"的你怎么会输给别人呢？记得要常常对同学微笑，用心相处，用心交流，你会发现其实他们也很好相处、很好接纳。对于自己，相信自己的能力，为自己定下目标，并且不断鼓励自己，给自己打气，那将得到一个不一样的你。

"分数尖子"为什么成了离群的"孤雁"

×××是我们班的"分数尖子"，每次考试她都是总分第一。本来她是我们班的班长，可她老是和大家合不来，言谈举止中总有那么一种鹤立鸡群、高人一等的味道，可是大家也都不买她的账，搞得她孤掌难鸣，工作上很被动。于是，老师只好发动大家民主推选班长，我就被选上了。其实，我对她也是既羡慕又疏远，虽然并不嫉妒但多少有点不服气，看到她成了离群的"孤雁"，有时真还有点同情她。我想问一下，为什么会造成这样的局面？我应该怎样对待她？

从上述情况分析，这可能主要是"优生效应"在起作用。由于学校、家庭或社会因素的影响，一些优秀生、"尖子生"

不做离群的"孤雁"

形成了以"自我中心"为特征的唯我独尊心理和冷漠孤僻、自命不凡的个性，成为独立于群体之外的"孤雁"。这就是"优生效应"在现实中的一种反映。

这种"优生效应"，显然属于消极的负面效应。

下面具体谈谈导致优生心理效应的主要因素。

第一，学校因素。长期以来，由于各种主客观原因的作用，片面追求升学率成了多数学校经久难愈的"顽症"，"分数"成了评判学生的基本依据。分数高者，就是"英雄""宝贝""优生"，就能得宠，就会吉星高照、一路风光。于是，一种以"分数"为核心的"优生效应"自然形成。这样，"优生"也就自然地染上了目空一切、孤芳自赏的习气，大家也只得对其敬而远之。

第二，家庭因素。望子成龙之心、盼女为凤之意，是现代社会"可怜天下父母心"的典型反映，也是"人同此心，心同此意"而应该被理解的人之常情。然而，片面追求升学率，不仅使许多同学成了分数的崇拜者甚至奴隶，而且使得我们不少家长竟也拜倒在分数的"石榴裙"下，成为"应试教育"的"吹鼓手"。说是关心子女，其实只关心子女的分数，分数似乎才是家长的"最爱"，其他的懒得过问。这种以分数代替一切的做法，其实也是"光环效应"的一种表现。不少家长认为，孩子的分数高，学习就好，在校表现也好，升大学就有希望，将来就业也方便……因此，只要分数高，家长可以无条件、无原则地满足子女的要求，而不论其是否合理。长此以往，就会使"优生"逐步滋生贪得无厌、独占欲极强的心理，在家中也自然而然地成为"小太阳""指挥员"。

第三，社会因素。"学历"的日益走俏，"文凭热"的不断升温，唤起了社会对"优生"的特殊情感。"万般皆下品，唯有读书高"，再一次成为世人的信条。在人们心目中，"分高一成，人高一等"，"分数就是金钱"。不是吗？考高中、上大学，有时相差一分，就要多花几万元。在这里，"分数"就是"身价"的同义语。社会也在有意或无意地为高分得主创造基础，读书时有高分，就业时就能高攀，在岗时就能高升。在这样的社会环境中，"优生"往往目空一切，趾高气扬，对社会上的一切袖手旁观，却又能处处顺利、事事如意。因此，在大多数情况下，他们同社会群体没有相同的情感体验，也就很难理解别人，更谈不上尊重他人。于是，同情心逐渐泯灭，为人冷漠，处事淡然；走上社会后，他们常常与人格格不入，也就很难得到别人的尊重和支持。

怎样才能有效地避免"优生效应"呢？

第一，要确立正确的人才观。优生是人才，但并非唯一的人才，不要将优生置于某种不恰当的地位而"捧杀"，防止其产生高人一等的优越感而自我陶醉。

第二，学校、家庭、社会在教育"优生"方面要形成合力，以创造促进优生健康成长的社会心理环境，防止克雷洛夫寓言里描写过的关于天鹅、梭鱼、大虾各行其是，终究一事无成的故事重演。

第三，作为学校教育，必须坚持培养"尖子"与"大面积丰收"相结合，因为"尖子"通常是在"大面积丰收"的基础上产生的；培养"尖子"学生，反过来又可以促进"大面积丰收"。当然，这里所说的"尖子"不是指那种单纯的"分数尖子"。

第四，不少学校采用"班级干部轮任制"，让人人都有表现的机会；评选先进看基础，重在进步幅度，体现评优机会均等；设立一些单项奖和进步奖，使大家都有成功感，等等，这些都是防止"优生效应"负面影响的行之有效的措施。

回到开头所提出的问题，作为一班之长，自己首先应该与对方多沟通，并且让同学们多接近她，多开展一些联谊活动，消除成见和隔阂，以防其形成孤僻的个性，产生不良心理。在此基础上，配合采取以上各项措施，相信定会取得满意的成效。

学习中如何对待别人设置的障碍

小A和小B住同一幢大楼、同一个单元，又是同班同学。小A虽然学习刻苦，但成绩总不那么理想，小B尽管顽皮好动，但脑瓜聪明，成绩优良。小A为了不让小B超过自己，经常给小B制造一些麻烦或障碍，于是，两人的关系越弄越僵。在日常学习中，我们该怎样对待别人设置的障碍呢？

从心理学上看，这种情形属于"心理防卫过度"。

心理学研究表明，凡是自我认识与本身的实际情况愈接近，他所表现的自我防卫行为就愈少，社会适应能力便愈强，反之则不然。

一个人能认识自己、接受自己，相应地，其自卑心理就要弱一些。但是，随着社会的不断发展，人与人之间的竞争免不了会越来越激烈，且总有一些人会败下阵来，加上家庭问题、自身性格等多重因素的影响，有些人就会产生很强的自卑感。为达到心理平衡，他们往往采用过度的防卫手段，将对自身的不满投射到别人身上，把"我讨厌自己"转嫁成"别人讨厌我"。小A的情形基本上就属于此类。由于他不能正确地认识自我，而消极地采取给小B设置障碍的办法以拖其后腿，获得一种心理上的暂时安慰，其实这就是自我防卫行为的反应。

在现实生活中，对于过度防卫者的过激行为，一开始人们大体上还可以接受，一次、两次，问题不大，时间长了，次数多了，大家就会避而远之。过度防卫者则因此而认为这是别人看不起他，于是，为减轻心理上的伤痛，他就会一次又一次地伤害他人。如此形成"恶性循环"，不仅损害了自身的心理健康，也使人际关系陷入僵局，导致社会适应不良。

如何避免心理防卫过度呢？

第一，应全面地看待自身的优缺点，正确认识和对待学习过程中的成功与失败，处理好两者之间的关系。

第二，要确定一个符合自己实际情况的目标，充分发挥自身优势，做一些令自己满意的事，以求得心理平衡。

第三，要建立良好的人际关系，同学之间以诚相待，避免形成过强的嫉妒心理，做到客观地评价他人和自己。

讲到建立良好的人际关系，特别要强调防止"螃蟹文化"。钓过螃蟹的人或许都知道，竹篓中放了一群螃蟹，即使不盖上盖子，螃蟹也是爬不出去的，因为只要有一只想往上爬，其他的螃蟹便会纷纷攀附在它的身上，结果会把它拉下来，最后没有一只能够出得去。有人称此为"螃蟹文化"。生活中常有一些人，不喜欢看到别人的成就和杰出表现，总要想尽办法破坏和打压，如果这种现象不遏止，久而久之，组织里只剩下一群互相牵制、毫无作为的"螃蟹"。因此，同学们在一起，一定要消除自私狭隘心理，胸怀广阔，为他人的成功喝彩，这样才有利于建立良好的人际关系，也才有利于他人的发展和促进自己的成长。这里面包含着一个关于善待他人的问题。生活中每个人都希望有一个好的环境和好的人际关系，但现实往往并不都像人们所希望的那样尽如人意。经常有人抱怨自己的环境不好，旁边总是有人不求上进，有人跟你较劲，故意让你心烦。其实每个人都有很多缺点，这是我们谁也避免不了的。实际上，我们自己也有不少缺点。对于这种情况，我们就要试着去善解他人、宽容他人，唯有如此，才能既有利于他人，也有利于自己。如果你打开自己的心扉，如果你总是去发现他人身上的优点而不是缺点，你就会发现每一个人身上都会有你喜欢的方面，都有值得你去学习的地方。你会发现其实他（她）也是一个很不错的人，只是以前忽略了而已。当你不再是去给每一个人挑毛病，而是希望和每一个人做朋友，你的人际关系就会得到很大的改善。

　　回到开头的例子，个人认为：

　　作为小A来说，需要根据上述三种方法调整好自己的心态，避免心理防卫过度。当然，一个人如果经常控制不住自己的情绪，那就要及时找心理医生咨询，从根本上解脱自己，这样，你就会发现周围的世界每一天都是新的。作为小B而言，面对他人设置的障碍，不要总认为对方跟自己过不去而耿耿于怀。你不妨设身处地站在对方的角度作一番思考（心理学上称为换位思考），多给予理解和谅解。平时可以主动关心小A的学习，帮助他找到问题的关键，掌握正确的学习方法，在共同学习、共同提高中增进相互的了解和友谊。

　　此外，我们还可以改变一下自己的思维方式，从负面影响中看到正面因素。相传，挪威人从深海捕捞的沙丁鱼很难活着上岸。后来，有一位老渔民在鱼槽里放进了鲇鱼。在这种会"咬其他鱼"的鱼的追逐下，沙丁鱼拼命游动，激发了活力，反而活了下来。这就是"鲇鱼效应"的由来。

现实生活中，不管你身处何处，总会有一些鲇鱼式的人搅得你寝食难安。然而，他们也使你斗志昂扬，使出全身的力气来迎接挑战。一段时间以后，当你感到自己已经有所进步的时候，你会发现，给你最大动力的往往不是你的朋友，恰恰有可能是你的竞争对手。一个追求卓越的人，常常把最优秀的人作为比较对象，用与他人的差距来激励自己，从而增强前进的动力。即使你永远都不能打败你的对手，也不必沮丧，至少，由于强大对手的存在，使你也相应地变得强大起来。从这个意义上说，竞争对手是你的另一种合作伙伴，只是他给你的不是直接的帮助，而是间接的促进。

正如一位名人所言：拥有对手会使我们感到幸福和年轻，竞争对手不是我们的敌人，他们在我们周围只是给我们带来灵感，并促使我们把工作做得更出色。所以，在竞争中学会合作、学会宽容，这是我们对待竞争对手应有的心态。

怎样走出孤独的樊篱

有一位学生给他的老师写了这样一封信：

我在一所寄宿制的学校上学，同寝室的同学个个不讨人喜欢：有的晚上爱说话影响别人的休息，有的废纸、瓜子皮到处乱扔，有的乱翻别人的书……我简直不想理他们，学习也学不进去，每天都在想家。也有的同学说他们一个寝室的都成了好朋友，我怎么没遇上好室友呢？老师，您能帮助我吗？

老师回信说：

从你的字里行间，能看出你是多么渴望朋友和友谊。你渴望好室友的迫切心情我非常理解。但我们在如何看待他人的问题上，容易犯"双重标准"的错误。对待别人是一套标准，对待自己又是一套标准。我们都希望别人理解自己，却不能容忍别人身上不合自己口味的东西。

这位老师说得不错。生活很丰富，但也很复杂。更多的时候，我们要学会宽容，学会悦纳周围的一切。这位学生之所以总是对同寝室同学的做法看不顺眼，也许是因为他在看人时常持有"自己是春天，别人为什么不是春天"的思维定式。你以"春天的标准"来看待和要求你那些本应是"秋天"的同学，当然他们不会顺眼和合乎你的口味。要知道，秋天就是秋天，我们无法要求它成为春天。我们无权要求别人的言行必须合乎自己的准则，正如别人不能随意要求我们怎么怎么一样。

走出孤独的樊篱

作为一个寄宿式学校的学生，有很多超脱而浪漫的想法是好事。但生活毕竟是生活，是实实在在的。我们身边的环境有时虽然很不合我们的意愿，但它并非一团漆黑。作为与室友群居的人，更多的是需要一种和平共处，是一种共生共荣。有的同学说，他们一个寝室的同学都成了好朋友。试想，别人能做到，我们为何不能呢？

所以，如果我们放弃那种所谓的完美，以宽容的态度对待他人。充分运用自己的热情、真诚和宽容，去激发别人表现出人性中的真、善、美的一面。到那时，你一定真切地感受到，尽管你身边的许多人总会有那么多的不尽如人意，但春天有春天的温馨，夏天有夏天的美丽，秋天有秋天的诗意，冬天有冬天的可爱。生活中的四季原来可以如此美丽！

如何面对班干部的落选

有位学生曾说过这样一件事：

我从一进初中便当了班长。我勤勤恳恳地工作，努力协助班主任管理好班级，对同学的缺点进行大胆的批评，班级被评为全校先进班级有我的功劳和辛劳。我除积极工作之外，还勤奋努力学习，并不因工作而耽误学习，每次考试，我的成绩总在班级前五名。万万没有想到的是，在今年（初三）上半学期的班长选举中，我的得票仅仅只有9票，而远不如我的另外一个同学却得了41票。看着黑板上的票数，我苦闷、愤怒、失望，悲观……我不明白自己错在哪里，同学们为什么一反往常地不投我的票呢？我不理解。

从这位学生的话中我们可以看得出，他是一个好学生，又是一个积极肯干的好干部，但却在最近的一次选举中落选了，这让他感到十分苦恼。

其实，他大可不必这样。因为，世间上的事总是一分为二的，当你自认为自己是最好的班长人选时，当你对自己的工作能力、工作成绩沾沾自喜时，你有否及时地发现自己的缺点与不足呢？人人都会有错误，怕的是自己的"过"视而不见，或者把"过"看作是功，事情便会走向反面。或许正是你在一帆风顺中忽视了自我批评与检点，助长了傲慢之心，滋生了一种优越感，才使你远离同学，导致竞选班长受挫。直到现在你并没有进行认真的自我反思，找出自己身上的不足加以改正，还在一味地责怪广大同学，还自认为另外一个同学在各方面远不如自己。这种想法是十分有害的。

中国有句话叫"当局者迷，旁观者清"，群众的眼睛是雪亮的。作为一位落选者，他其实很有必要在这次挫折中重新认识自我，去认真地分析一下受挫的原因，从而调整自己的处事之道，放下"架子"，以谦逊友好的态度对待他人，以平等互助的姿态接纳他人，理解人、尊重人，懂得赞赏别人，宽容别人，从而重新赢得同学的信任和支持。

"当局者迷，旁观者清"

我们每个人都无一例外地生活在一个社会环境之中，在其中充当一个"角色"，每个角色生而平等。同时，人与人之间需要交往，需要理解，需要协调，如果自认为是"高人一筹"，那么他无疑是给自己造了一堵墙，使自己陷于孤立。人贵有自知之明，在与人的交往中，我们应时时进行反思，这样，我们才能时刻保持清醒的头脑，时时发现自己的不足，及时"扬长避短"和"取长补短"，才能永远立于不败之地。

曾经有这样一个故事。一个剑师勤学苦练，终于练得剑法出神入化而坐上了"掌门人"的宝座。得意之余，他大声地喝问："有谁能打败我？"一位哲人答道："你自己。"这是一个发人深省的故事，当一个人的眼里满是荣誉和成绩的时候，当他自认为至高无上或天下无敌手时，便是他开始走下坡路之时，这是被无数事实证明了的真理。

从另一方面来说，这位同学也大可不必为一次竞选失败而耿耿于怀，他身上既然还有许多优点，同学们是不会看不到的，无非是另外一个同学正成长为一个比他更合适当班长的人。因此，他应该从另外那位当选者的身上去寻找闪光点，寻找自己所不具备的优点和长处，虚心向当选者学习，实现"优势互补"，使自己在各方面更趋完美，更趋成熟，那么，他的进步将会是突飞猛进的。从这个意义上来说，他应该感谢同学们，是他们及时地为他提供了一面"自知"的镜子，使他免于将来更惨重的失败。

暑假怎么过

不少青少年觉得：假期生活实在太无聊了。上课时功课虽紧张，至少可以与同学们聚在一起。现在放假了，父母要上班没空陪自己，又不许他们外出，不能和同学们玩，他们只能一个人待在家里，成天看电视、睡懒觉、吃零食……

盛夏来临，大、中、小学生也迎来了暑假。如何科学度假，怎样合理地安排暑假生活是青少年朋友及家长应该引起重视的问题。如果在暑假中不讲究养生，则会适得其反。有专家指出，学生要安排好暑期生活，谨防出现假期综合征。

假期综合征是指假期之后所出现的病态表现。不少中小学生经过一个长长的暑假后，往往会变得精神萎靡、面黄肌瘦，甚至带病返校。有调查显示，暑假过后，学生中普遍存在体虚、疲倦、记忆力衰退、注意力不集中、理解力下降、坐卧不宁、失眠、健忘、手足无措、易激动、艺术感染力明显下降等现象。

假期为什么会出现"假期综合征"？据专家介绍，其根本原因是学生在假期中不良的生活方式打乱了生物钟的节律，造成生物钟的错点。具体表现为饮食不节、睡眠不足、运动过少，再或者是学习负担过重、心理压力过大等。教育专家提醒，避免出现所谓假期综合征最主要是要杜绝学生有不良生活方式。

在假期里，学生们没有什么学习上的压力，精神状态往往完全处于放松状态，家长也想借此时机给孩子补养身体，学生们的进食往往没什么节制，从而造成营养过剩，使身体发胖。有的学生还暴饮暴食，甚至会出现急性肠胃疾病。此外，由于假期没有明确的作息时间，原有的生活规律被打破，睡眠时间得不到保障，体内生物钟发生紊乱。

暑假怎么过

假期综合征是可以预防的，自己首先要对假期生活做出合理的安排，学习、娱乐、休息都要有一定的计划。此外，在父母同意的前提下，多参加锻炼、活动，并与同学保持来往，丰富自己的假期生活。

不良行为篇

为什么对过答案才放心

有位同学说：在我们班上，多数同学都有这样一种习惯，平时做作业时或考试过后，相互之间都要对一下题目答案，否则就不放心。有时明明知道自己是对的，还要问你问他。为什么会出现这样的情形呢？

关于这个问题，需要具体情况具体分析，既不能不假思索地完全说好，也不能盲目武断地说不好。

从积极的方面来看，"对答案"的行为可能说明两个问题：一是出于对学习获得反馈信息的心理需要，以便及时了解学习情形；二是对自己的学习负责任的表现，担心做错了会影响对知识的掌握，早一点知道错在哪里，以便及时调控学习行为，使错误早一点得到更正。

如果对答案是属于上述两种情况，则应该持肯定态度。

从消极的方面来看，其根源主要在于自信心不足。

说到自信心，现实生活中有许多生动的例子。在我们的周围，有许多自信、自强、自立的人，特别是一些身患残疾的人，更是其中的佼佼者。他们好多人掌握了一技之长，甚至进入常人难以想象、难以达到的境界。有的成为技术人员、实业家；有的成为作家、画家、书法家；还有的成为体育明星，在残疾人奥运会上获得奖牌，甚至成为比赛项目的冠军。你大概知道弱智儿童舟舟成为音乐指挥家的故事吧。这里摘录一下2000年10月7日的《羊城晚报》在题为《老美大叹：舟舟神奇！中国残疾人艺术团访美演出获如潮好评》的一篇报道中的内容：

当地时间18日晚，艺术团在纽约的卡内基音乐厅演出。这是中国艺术团体首次在这个闻名世界的音乐殿堂演出。晚会上，首个在卡内基音乐厅指挥美国国家级交响乐团的中国人、神奇的音乐指挥舟舟，把听众带入了神奇的境界：由美国乐师组成的交响乐队在他指挥下出色地演奏了《致新大陆交响曲第四乐章》和《瑶族舞曲》、《星条旗永不落》三个曲子。每曲终了，台下都是掌声雷动。著名的辛辛提那交响乐团首席小提琴手埃丽卡·克塞维特与智残指挥舟舟合作后说，舟舟对音乐的良好感觉真是难以置信。为此，她叹服舟舟的乐感，更叹服中国文化的神奇。其实，舟舟在华盛顿指挥美国国家交响乐团和在普鲁沃指挥杨伯翰大学交响乐团的表现，同样获得如潮好评。

正是这个舟舟，人们赞誉他是"痴呆少年，天才指挥"，称他是"智障指挥家"，他以"弱智成才"的经历蜚声海内外。这些人成才的奥秘之一，就是充满自信。因此，自信是一个人非常重要的品格、特质。学习生活中不能没有自信，否则就可能视学习为畏途、为累赘，甚至完全丧失对学习的兴趣。有了自信，就有了勇气、有了动力；丧失自信，就丧失了勇气、丧失了动力。所以，自信是人的重要的、不可或缺的精神支柱。

舟舟在演出

需要进一步提及的是，一个人在学习活动中倘若自信心不足，加上贪玩、懒惰、怕苦、畏难，往往会导致极端的消极表现——抄袭。一些同学对过答案以后，看到自己做得不对，不是去认真反思、主动更正，而是搞"拿来主义"，抄袭以后交差了事。说得轻点，这是单纯分数观点在作祟；说得重点，这是对学习不负责任、对自己不负责任。应当明白，我们不是为了分数而学习，合理地、适当地追求分数，这是手段，不是目的，不能把手段当目的，不能在分数面前丧失了自我，更不能做分数的奴隶。至于对学习、对自己不负责任，那就更不足取了。

老是管不住自己怎么办

我们先来看一位学生反映的问题：

我是一名中学生，我明明知道上课讲话是不对的，是违反纪律的不良行为，可我老控制不住自己，总是要和周围的同学说上几句，特别是当数学老师为此还批评过我，但我还是改不了；回到家里做作业时，我注意力难以集中，只要听到有人在楼下喊，不管是不是喊我，我都要打开门窗看看，有时还停下手中的作业，跑到操场上打球，父母也常批评教育我是初中生了，为什么还管不住自己，我自己也苦恼，究竟怎样才能管住自己呢？

这位同学能意识到自己的"问题"，就说明这个"问题"并非什么大问题。

如果你也有类似的"烦恼"，那么，我们不妨告诉你，其实，每个人都有着自己独特的个性，甚至是独一无二的个性气质，这既取决于基因结构，也取决于你的从小生活和教育环境。这两个方面决定了每个人都是独一无二的个性气质。这不是什么"缺点"，而是很自然的流露。因此，当一个人发现自己存在某些行为或性格上的"毛病"时，不妨对自己宽容和平和一点。

以前的教育总是灌输给我们"严于律己"或"挑战自我"。这些戒律都有其合理的地方，而且也激励和帮助千千万万的年轻人得到成长锻炼。但这些戒律不能绝对化，不能盲目地套用到自己的每个方面。在"严于律己"的同时，更要学会"悦纳自己"。既然每个人都有独一无二的容颜举止、个性气质，而这些都是由我们的基因和后天的环境经历决定的，那么一个年轻人成长中首先要学会的功课就是要完全地"悦纳自己"，喜悦地接纳自己。不要把自己性格或行为上的习惯、"毛病"当成是"敌人"，要知道它们是你自己的一部分：你接纳它们，然后把它们当作是你性格中需要不断成长、发展的一个部分。就像蝌蚪总是有尾巴的，但尾巴不是蝌蚪的"敌人"，随着不断的成长，它们自然就会变成青蛙。

在这个基础上你要学点人生功课，你的某些个性气质或行为特点可能与社会的要求格格不入；也可能妨碍你其他方面的成长进步，那么你

管不住自己

就要学会"积极地成长"。所谓"积极的成长",意思就是说你要学会平衡好性格的各个方面,以及与环境要求的关系,要学会"控制""平衡"你性格气质的各个方面。一些性格特点可能与社会的要求相冲突,那么就要"弱化"和"抑制"它;另一些是有助你积极成长的,就要"强化"和"激活"它。

回到前面这个案例中来。案例中的学生总觉得"管不住自己",可能跟他外向、好奇的性格有关。因此,他最需要做的不是要"改掉这个坏毛病",而是如何"激活"有利的因素来"弱化"这个不利的性格因素。一个人外向、好奇、关心他人,这在某些时候是个"好"因素;另一些时候是个"不好"因素。所以,你要"激活"这个因素"好"的一面,而"忽略"掉它"不好"的一面。比如,案例中这位同学完全可以积极争取当班干部,发挥他关心他人、热心公众事务的特点,同时也可以锻炼和发展他的能力;而在学习、复习或其他需要自己沉静的时候,"激活"自己对知识的兴趣。

当然,一些必要的手段和训练更有助于一个人掌握人生的这门功课:悦纳自己和积极成长。培养自己对知识或工作的兴趣,使自己在学习和工作时能孜孜不倦,沉浸在钻研的氛围中;同时,让自己尽可能变得丰富起来,你的生活越丰富,你就会发现自己要关注的东西实在太多,而不仅仅是鸡毛蒜皮的琐屑小事。多读书,多增加自己的阅历都有助生活的丰富和生命的厚实。

这样,"管住自己"就是水到渠成的事了。

为什么越来越多的学生上网成瘾

我们先来看一位学生的心理困惑:

我是一名初三学生,这几天和我关系好的几个同学总想让我和他们一起去网吧玩游戏,告诉我网络游戏是多么多么好玩,我考虑再三还是没有去。我想到中考临近，如果考不上重点高中父母一定很不高兴，可是我自问内心还是有了一丝动摇。而且我发现，现在我身边的同学上网的人越来越多，越来越厉害了，而学校和家长都是极力反对的。为什么在家长、老师很不支持的情况下，我的同学们越来越多地陷进了网络游戏中了呢？

这位学生的话值得我们深思。

近年来，由于计算机和家庭宽带的普及，电脑已经成为人们工作、学习的常用工具，也使青少年们有了更多地接触网络的可能。并且计算机的一些便捷的功能对青少年很有吸引力，比起传统的课堂教学和课本学习，计算机闪动的画面、灵活的知识板块更能引起青少年的兴趣。外界环境就是如此，如果学校和家庭没有正确引导学生正确使用、对待网络，青少年就很容易陷进网络游戏的泥淖之中。

网络成瘾是这样一种精神状态：过度使用网络，难以摆脱上网的冲动，不能控制自己的上网行为。网瘾给自己带来精神和身体方面的痛苦，并妨碍了正常的工作、学习和生活。网瘾是一种与毒品成瘾、病理性赌博类似的精神疾病。

青少年是网络成瘾的主体。专家分析，这主要是由于青少年具有以下几种心理特点。

其一，追求时尚。许多学生认为通宵上网、玩网络游戏是当代时尚青年的必修课，不玩网络游戏就没有与同学交流的谈资，听到同学大谈网络乐趣而自己插不上嘴则感到尴尬。当他们还没有培养起有益身心的兴趣爱好或没有能力从事其他的文娱活动时，网络游戏便乘虚而入。

其二，青少年还未学会正确地应对现实中的困难挫折。很多学生沉迷于网络是因为在现实生活中遇到了问题或挫折，如家庭不和、父母离异、成绩下降、与同学吵架、受到委屈等，而又缺乏应对困境的能力以及相应的勇气和信心，不去积极处理和解决这些问题，也不采用较为有益身心的方式进行调节，而借助上网摆脱烦恼，从而沉迷于网络。

沉溺网络害处多

网络沉溺也就是"网瘾"，指上网者由于长时间和习惯性地沉浸在网络时空中，对电脑、互联网络以及整个网络世界的一切都产生了强烈的依赖，甚至达到痴迷的程度而难以自我摆脱的行为状态和心理状态。网络沉溺的实质，是作为网络行为活动主体的人，丧失了行为活动的自主性，而蜕变成为网络的"奴仆"。

17岁少年小新（化名）为了偷钱上网，竟然将自己的奶奶砍死，将爷爷砍成重伤。事后，小新投案自首。

两年前，小新开始沉溺于网络，学习成绩陡然下降，初中还没有毕业便不得不辍学。因担心孩子整天沉迷于网络，小新的妈妈让他照看家里的台球桌，但小新把台球桌挣的钱拿去上网。后来家里不再提供上网的钱，小新就想到了偷。

一次，小新偷了爸爸2000多元钱，藏在网吧一个星期，痛快地玩了个够。事后，父亲的一顿打骂对小新来说已经起不到正面的作用。

不久后一天，上网的欲望又像虫子一样噬咬着小新的心。由于没钱出去上网，小新绞尽脑汁，想到爸爸每月初都会给爷爷奶奶生活费的事来，不由得动了邪念。小新借故去爷爷家住，晚上，看爷爷奶奶都已经睡了，就去翻钱。可又怕把奶奶吵醒了不能得逞，遂用菜刀把奶奶砍伤了，睡梦中的奶奶浑身是血。响声惊动了爷爷，疯狂的小新不顾一切地又将菜刀砍向了爷爷，爷爷受伤后逃出家门。小新翻箱倒柜也没有找到他想像的大笔的钱，只在奶奶兜里找到了两元钱。事后，爷爷说那是奶奶为孙子准备的早点钱。

小新捏着沾满罪恶的两元钱在村口的一个洞里躲了起来，思来想去，还是投案自首了。

案发后，小新说，奶奶从小最疼爱他，有什么好吃的都惦记着他，他在看守所里最想念的就是九泉之下的奶奶。"我当时只想着拿到钱后就去网吧，根本没想后果。如果让我在上网和奶奶之间重新选择，我肯定选择奶奶……"

这是一个受网络沉溺危害比较严重而且极端的例子。对网络游戏的痴迷让小新不思进取，甚至丧失了做人的起码的良知，竟然连疼爱自己的亲生奶奶都要伤害，令人震惊。

由此可见，网络沉溺对于青少年的毒害已经到了多么严重的地步，它已经在无形中悄悄改变了孩子们的内心，让他们变得麻木、残酷、冷漠和自私，这些性格都是非常有害的，对个人的发展，对社会都将带来严重的影响和后果。

青少年往往冲动、活跃，好奇心强，同时他们争强好斗，渴望被别人仰慕，自尊心强。而这些心理在现实的世界里无法满足，他们便发现了网络这块"乐土"，在这里他们只要运用手中的鼠标和键盘就能杀死对方，提升自己，获得最大限度的荣耀，这些无形中满足了他们的心理。于是，这些青少年每天沉醉于冰冷的机器，终日在虚拟的网络世界里打打杀杀，忘记了和亲人的交流，忘记了和朋友的友谊，他们的世界里只剩下了网络。他们变得不再有情感，也变得更冲动和暴力。

小新正是在这样的状况下，做出了残忍杀害亲人的事情。小新事后也很后悔，但是显然已经醒悟得太晚了。

在河南省某市曾经有一个闻名全市的"少年犯罪团伙"，他们当中年龄最大的17岁，最小的只有14岁，他们来自不同的家庭、不同的学校，然而，却有一点是相同的，那就是酷爱上网，只要一有机会就瞒着家长、老师往网吧里跑。辍学以后，他们更是没日没夜地泡在网吧里，饿了吃包方便面，渴了喝瓶矿泉水，困极了就趴在键盘上打个盹。他们个个都是网络游戏的高手、聊天室里的常客。在网络这个虚拟世界里，他们无烦恼无忧愁，精神上感受到了无比的快乐和极大的满足，同时，也结成了所谓的"知己",整日里形影不离,混迹社会。

上网的费用不低,一个月下来,光上网一项就得一二百元,这还不包括一些网站的"会员费"、游戏费。最初,他们向父母要,向同学借,有的还替网吧老板打扫卫生,以便能得到几个小时的上网时间。然而,他们的家境毕竟都不富裕,长期下去这笔开支家里负担不起。于是,他们聚在一起,开始商量对策。凶杀、暴力,网络上的一幕幕让他们很容易地就想到了偷和抢。一番谋划后,他们把目光投向了路边的商店,决定趁夜深人静时,撬开卷闸门,快速盗窃,快速逃离。

沉溺网络害处多

2002年12月的一天,他们第一次作案得手,盗得财物价值600余元。自此便一发不可收,每到凌晨,他们便三五成群出窝"觅食",哪管你店内有人没人,撬开门后,若没人,将财物劫掠一空;若有人,先将人砍伤,或者以强奸女性相威胁,然后再抢钱抢物,临走时,还不忘撂下一句话:"敢报案,杀你全家!"有时,一夜作案数起,更有商家曾被多次"光顾"。一时间,他们的猖狂行为影响极坏。

从2002年12月到2004年2月短短一年零三个月里,他们抢劫12起,劫得财物价值人民币8000余元,抢劫中致3人轻伤,1人轻微伤;盗窃23起,窃得财物价值人民币2万余元。

最终,他们被警方全部抓获,分别被判处3年至11年不等的有期徒刑以及罚金。

几个花季少年,由于难以支付长期上网的费用,便心生邪念,走上了撬门砸锁、抢劫财物的犯罪道路,实在让人震惊而又心痛。

他们的行为已经严重影响了社会治安和稳定,甚至于一段时间人们都"人人自危",引起很大的恐慌和不安。但是这一切背后的始作俑者,竟然是网络游戏。

青少年的自控力很差,他们往往凭着感觉做事,而网络正是让他们有了良好的感觉。他们能够在网络里找到自信,获得精神的极大满足感。网络游戏就像精神鸦片,让他们沉醉于自我幻想中不能自拔。而同时,网络游戏中那些暴力、争夺、相互打杀的场面也给他们的心灵产生了影响，他们渐渐地很难区分现实和网络。他们在网络上可以通过打杀来获得积分，在生活中也采取打杀抢劫的方式来满足他们对金钱的需要。

可以说，沉溺网络不仅令人麻木，更令人变得不能适应现实的规则，不知不觉被网络中的规则所左右，最终使这几个花季少年不得不在牢狱中度过他们人生中的黄金时期。

自从互联网出现至流行，网络沉溺就伴随着这一新兴事物的出现传播开来，可以说它是互联网问世带来的最大弊端。

从网络流行和普及开始到现在，已经发生过多少青少年因为沉溺网络而做出违法犯罪行为的例子大概没有人能够统计得清楚了，各种不同的悲剧一再上演：青少年逃学、离家出走，甚至偷盗、抢劫、杀人，而这背后都有一个共同的原因：网络游戏。

一份调查报告表明，在网络游戏的玩家当中，16～30岁的人占据总量的87.4%，青少年成了网络游戏的主体。从高楼林立的城市，到封闭落后的传统村庄，网吧如病毒一般迅速扩散开来；网络游戏像毒瘤一样附着在社会的机体之上。

网络游戏对于青少年，似乎已经不再是一个娱乐和信息交流的工具，而成为一种依赖，甚至于变成一种毒药，被人们称为"电子毒品"。

沉溺网络害处多

与其说是在网络中沉溺，倒不如说他们是在网络中逃避。逃避现实的责任，逃避现实的枯燥。但是，没有人能够在虚拟的世界里过一辈子，人总要长大，要面对社会，要组织自己的家庭，要担负社会的责任。而网络能给我们什么呢？除了一时的心理满足，更多的是精神空虚和光阴虚度，从而失去对现实的适应能力和判断能力，失去自我生存的能力。

所以，青少年朋友，从网络沉溺当中醒来并且面对现实吧。人生不是一场游戏，而是实实在在的较量，是一场你和社会、和同龄人的较量，你只有具备了充分的知识、灵活的头脑和丰富的经验之后，才能在这场较量中获得胜利。青少年朋友应该清醒地意识到自己的现实情况，用丰富的知识和良好的生活习惯武装自己，以使自己的人生走得顺利而荣耀。

网络成瘾，该怎么进行心理调适

我们来看一位学生说的话：

我是某高校的大二男生，自从暑假开始到现在，几乎天天"挂"在网上。平日里无精打采，一上网就处于亢奋状态。虽然每天告诫自己不要泡吧了，可一到傍晚，还是不由自主地走进网吧，一玩就玩到凌晨，想停也停不下来。"网瘾"越来越大，本来开学后上课学习够紧张的了，可还是难以自拔，特别痛苦。刚进大学时成绩还不错，后来"红灯"越挂越多，差点被除名，学校最后同意让我试读一学期。爸妈为了管住我，甚至在学校附近租了房子住下来。有时候我也很自责，可是网络对我的诱惑力实在是太大了，我该怎么办呢？

心理学认为，网络成瘾使不少学生的人际交往能力减退，他们往往沉溺在虚拟世界里，逃避现实世界。上网排遣心理困惑虽然可行，但过分依赖网络却是舍本求末。青少年时期，是重要的人格发展期和社会关系建立期，如不注意培养自己的人际交往能力，反因上网成瘾而萎缩，今后如何直面社会，参与各种交流、合作、竞争就成了问题。

专家研究发现，青少年上网成瘾与自身的心理状况有关。一般男性明显多于女性，特别是那些内向敏感、现实人际交往困难的人，易沉迷于网络。那些希望得到同学、老师重视但又十分孤独的学生，生活、学习遭遇挫折的学生，家庭不和睦的学生，没有特长、成绩不突出的学生，心情压抑的学生，这些青少年因为在现实中不太容易成功而上网，上网不仅令他们忘掉现实生活中的各种烦恼，还可以带来心理上的群体归属感，

沉迷上网的孩子们

渐渐他们就对网络产生心理依赖，也使他们丧失了现实感，混淆虚拟世界和现实，造成网络成瘾。

那么怎样预防和戒除网瘾呢？

1. 认清危害

沉迷于网络，会使人迷失于虚拟世界，自我封闭，与现实世界产生隔阂，严重影响学习，甚至中断学业。久而久之，还会影响正常认知、情感和心理定位，导致人格执偏，甚至发生意想不到的可怕后果。有的连续几天几夜泡在网吧，不思食寝，过度疲劳，结果猝死在网吧。

2. 科学安排

每周最多上网2～3次，每次上网的时间不超过2小时。尤其是夜晚上网时间不能过长，就寝前一定要提前回到宿舍，按时睡觉。每次上网前，一定先明确上网的任务和目标，把要完成的任务和内容列在纸上，按需点击，不迷恋网络游戏，坚决不上黄色网站。

3. 请人监督

可以向同学、老师、朋友和家庭寻求帮助，先向他们讲明自己控制上网的计划，请他们监督。当"网瘾"出现时，请他们及时提示，帮助克服。平时活动时，要多与学习好的同学在一起，与他们一起上课，相互交流，在他们的带动和帮助下，逐渐淡化网瘾，把精力集中到学习上。

4. 预防为主

青少年一旦患上网络成瘾症，要戒除很困难。因此，最好预防上网成瘾。一是提前打好"预防疫苗"。社会、学校和家长都要通过各种宣传途径，使青少年学生看到上网好处的同时，也要看到它可能带来的危害；采取各种有效的方法，坚决杜绝青少年上黄色网站，控制不玩或少玩网络游戏。二是丰富日常生活。平时积极参加社会、学校等方面举办的各种有益活动，注意培养自己良好的兴趣、爱好；多与家长、老师和同学交往沟通，获得心灵上的慰藉。

如何防治"网络游戏综合征"

小同的爸爸下班回家后发现客厅里的影碟机和儿子屋里的玩具都不见了。"家里是不是被盗了？"赵先生正准备拨打110报警，这时，年仅14岁的小同却神色慌张地阻止爸爸报警。在赵先生的追问下，小同终于讲出了实情："卖给收购站还钱了。"原来，小同每次放学之后不回家，是和同学去网吧打网络游戏，由此渐渐沉迷于网络游戏中。尽管他将爸爸、妈妈平时给的零花钱全部"贡献"给了网吧，但是根本不够，只一个月他就欠同学300多块钱，他的同学多次催他还钱，小同实在没有钱还他们，只好让他的同学来家里搬走几样值钱的东西，去废品收购站卖掉还债。经一番了解，赵先生意识到儿子是得了"网络游戏综合征"，那么应该如何防治呢？

近年来，对青少年学生吸引力最大的要数网络游戏了。市场上大部分的网吧都设在街面或胡同里，这些网吧几乎都是环境拥挤，简陋不堪。经营者们为了吸引更多的青少年来玩，设置了各种有奖游戏。在这样的环境里游玩，对青少年的身心影响极坏。

有关调查表明，67.3%的学生在游戏厅、网吧或在家里玩过网络游戏。尽管网络游戏很大程度上丰富了青少年学生的生活，但是由此引起的"网络游戏综合征"也引起了社会、学校和家庭的注意。对学生玩网络游戏，父母通常只会担心占用大量时间而影响孩子的学习。但这种影响只是表面的，实际上网络游戏会严重影响青少年的身心健康，由于这种危害很多是隐性的，所以不被人们注意。程度较轻的网络成瘾者可以通过自我调适摆脱网络成瘾的困扰，主要采用以下方法。

1. 科学安排上网时间，合理利用互联网

首先，要明确上网的目标，上网之前应把具体要完成的工作列在纸上，有针对性地浏览信息,避免漫无目的;其次,要控制上网时间,每天累积时间不应超过一小时,连续操作一小时后要立即休息;再次,应设定强制关机时间,准时下网。

2. 用转移和替代的方式摆脱网络成瘾

用其他爱好和休闲娱乐方式转移注意力,摆脱网络的诱惑。例如,喜欢体育运动的人可以通过打球、下棋等转移注意力,以减少对网络的依赖。

3. 培养健康、成熟的心理防御机制

研究表明,网络成瘾与个性有关,一定的人格倾向使个体易于成瘾,网络只是造成成瘾的外界刺激。因此,要不断完善自己的个性,培养广泛的兴趣爱好和较强的个人适应能力,学会合理宣泄,正确面对挫折,只有这样才会形成成熟的心理防御机制,不会一味地躲在虚拟世界中逃避失败与挫折。

网络游戏并非对青少年绝对有害,只是在缺乏正确引导时才会产生不良影响。因此,只要正确引导青少年,网络游戏的危害是可以避免的。

很多学生是由于孤独、缺少关爱才去玩网络游戏。因此,家长应用足够多的时间陪伴和关心孩子,引导孩子参加健康的业余活动,如文艺、体育等。

青少年学生要严格控制自己玩游戏的时间,每一次玩的时间不宜过长,通过逐渐减少游戏时间而最终把游戏欲望控制在一个合理水平。

青春期吸烟、饮酒的危害

最近,小强越来越觉得自己倒霉得很。这天上课,他又被老师点名批评了。情绪低落的小强无心上课,跑到了操场的一个角落里坐着。

小强心里郁闷极了。他不明白为什么那么多同学都在说话,老师都不骂,偏偏要骂他,就因为自己成绩差吗?小强越想越来气,冲着树打了一拳。

这时,隔壁班两个逃课的男生走了过来。看着眉头紧锁的小强,问道:"哥们,怎么了?心情不好?"

小强没有回答。两个男生蹲在了他旁边,其中的一个拿出了一包烟,给另一个男生发了一根,又抽出一根递给小强:"来,抽根烟就好了。"

"我不会。"小强没有接。

"不是吧哥们,看你平时挺潇洒的样子,居然连抽烟都不会,太落伍了吧你?"递给他烟的男生笑道。

青春期吸烟害处多

"就是,哥们,都这么大了,连烟都不会抽,你还是不是男人啊?"另一个男生也说道。

小强被他们说得不好意思了,再加上心情本来就郁闷,于是便赌气说:"抽就抽!"把烟接了过来,叼在嘴里。男生给他点着后,小强吸了一口,呛得直咳嗽,眼泪都下来了。

"哈哈……"两个男生大笑道,"刚开始都这样,慢慢就会了。"

在他们的指导下,小强很快把一根烟抽完了。别说,小强感到心中的闷气还真减少了。

从那以后,有事无事,小强都会抽上几口,渐渐就形成了习惯。

一天回家,爸爸跟小强谈话时,闻到了他身上的烟味。问道:"你是不是抽烟了?"

小强说:"没有。"

"我都闻到了,还撒谎!"

"抽烟怎么了?有几个男人不抽烟的?"小强反问道。

爸爸看他的牛脾气又要上来了,就没再说话,而是找了一些吸烟者肺部的图片给小强看。看着那些黑黑的肺,小强一下子惊呆了,原来烟会把人的肺变成这样,自己还真不知道。这时,他才一下子如梦方醒。

很多孩子都知道抽烟是不好的习惯,就连烟盒上都标着"抽烟有害健康",可还是有不少人跟香烟做了朋友。究其原因,一方面是因为害怕不会抽烟被人当成异类,被人说成是"娘娘腔",遭人笑话。另一方面,则是对吸烟存在着误解。

其实,有没有男子气概,跟抽不抽烟一点关系都没有。决定你够不够男人的因素是你内心是否坚强、心胸是否宽广、性格是否豁达。吸烟不会给你带来男性的魅力,反而会让人觉得你不够健康,特别是在公共场合吸烟,更会让人感到你没有礼貌、不够绅士。

另外,你可能会觉得吸烟有助于缓解压力,事实并不是这样的。抽烟的时候,确实能让人感到心情平静,但这并不是烟的功劳,而是因为你在抽烟的时候停止了工作或思想,如果把抽烟改成喝水或者吃零食,效果也是一样的。

青春期饮酒害处多

当孩子还未成年时,家长有责任关心孩子的健康,制止孩子的不良行为,积极引导他们健康发展。研究证明,10岁以下的儿童对烟普遍反感,认为吸烟又呛又难闻;11～13岁的儿童,才逐渐对吸烟产生好奇心,跃跃欲试;15岁以后则开始把吸烟作为自己长大成人的"标志"。由此可见,11～15岁是小孩子有可能染上吸烟嗜好的危险年龄。吸烟对发育成长中的青少年的骨骼发育、神经系统、呼吸系统及生殖系统均有一定程度的影响。

由于青少年时期各系统和器官的发育尚不完善,功能尚不健全,抵抗力弱,与成人相比吸烟的危害就更大。此外,由于青少年呼吸道比成人狭窄,呼吸道黏膜纤毛发育也不健全,因此吸烟会使呼吸道受损害并产生炎症,增加呼吸的阻力,使肺活量下降,影响青少年胸廓的发育,进而影响其整体的发育。

烟草中含有的大量尼古丁对脑神经也有毒害,它会使青少年记忆力减退、精神不振、学习成绩下降。调查发现,吸烟孩子的学习成绩比不吸烟的孩子低。此外,青少年正处在性发育的关键时期,吸烟使睾丸酮分泌下降20%～30%，使精子减少和畸形；使少女初潮期推迟，经期紊乱。青少年吸烟还会使冠心病、高血压病和肿瘤的发病年龄提前。有关资料表明，吸烟年龄越小，对健康的危害越严重，15岁开始吸烟者要比25岁以后才吸烟者死亡率高55%，比不吸烟者高1倍多。

据肿瘤专家介绍，吸烟时，烟雾大部分经气管、支气管进入肺里，小部分随唾液进入消化道。烟中有害物质部分留在肺里，部分进入血液循环，流向全身。在致癌物和促癌物的协同作用下，正常细胞受到损伤，变成癌细胞。年龄越小，人体细胞对致癌物越敏感，吸烟危害越大。

除了吸烟之外，还有一些青少年爱上了喝酒。如果在节假日、喜庆之时，偶尔少喝一点儿，也不是不可以，但是千万不能将其作为一种嗜好。否则就会从小到大、由少积多，对身心健康造成影响，同吸烟一样不好。

我们在青少年时期养成的嗜好，到成人时想改掉往往很困难。因此，在青少年时期就应当为自己选择一种健康的生活方式，这会让你一生受益。

一般吸烟饮酒，虽然不被视为病态，但对青少年的健康影响却是极大的。对于吸烟饮酒成瘾并导致中毒症状的青少年，则应采取系统治疗措施。除了采用药物治疗，如用戒烟、酒药丸，戒烟茶、糖外，还可采用心理治疗方法：

青春期最好戒烟戒酒

1. 厌恶疗法

以重复惩罚性的刺激，建立起条件反射而革除不良弊习。如在烟酒里抹上或掺上可以使其产生恶心和呕吐的物质，从而培养患者对烟酒的厌恶情绪，重复强化对烟酒产生条件反射性反感。

2. 长期随访治疗

对烟酒中毒的青少年进行治疗的持续时间一般较长，主要取决于患者的病情轻重程度、其意志品质和所处的社会环境。

3. 社会支持性治疗

这种治疗涉及环境的改变、态度的变化和提供健康的社交活动。需劝说患者的家长、亲人和老师，帮助患者在家庭、学校和其他社会组织中进行重新调整。通过有意义的社会活动来恢复其社会交往，培养有益兴趣，增强自信心，这对青少年烟酒中毒者是很有效的。

拒绝黄毒

黄毒主要指具体描写性行为或露骨宣扬色情的淫秽性书刊、影片、录像带、录音带、图片以及其他出版物，还包括可诱发和促使人们追求低级下流情趣，造成性罪错发生的淫药、性具等。

需要特别指出的是，制造和传播、贩卖淫秽出版物等也属于违法犯罪行为。

调查显示，我国青少年犯罪占总犯罪量的70%，其中30%是性犯罪。这些少年犯的性冲动多来自于黄色书刊、影视作品、网站的诱惑。

这些"黄色精神鸦片"，腐蚀人的精神，激发青少年对性的好奇心和探求、尝试欲望，是引发性犯罪重要的外因，极大地危害了社会秩序，对社会风气造成了极坏的影响，严重有亡国亡族之危险。100多年前中国人被鸦片毒害，让洋人耻笑为"东亚病夫"，100年后难道我们又再次被外国人耻笑为"性病大国"吗？青少年应该有信心地说：绝对不能！

那么，怎样识别和拒绝黄毒呢？

（1）学会识别和自觉抵制各种不良诱惑，如不去或不受他人劝诱去不健康的场所，如迪厅、歌舞厅、酒吧等，因为这些场所是青少年发生早恋、早孕、吸毒、卖淫、斗殴、抢劫、强奸等问题的重要场所。

（2）不模仿、不追求不健康的生活方式，不结交有劣迹的青少年和社会上的闲散人员。

（3）主动拒绝观看不良出版物、手抄本、录像、光碟等，升华或控制自己不健康的好奇心。

（4）少去游戏厅和网吧这类场所，养成遵守时间和夜归宿的习惯。

（5）如果发现黄毒要有勇气和智慧及时报告公安机关，这是每个公民为维护社会健康、净化社会应尽的责任和义务。

下面是一个真实的案例：

我曾经是一名三好学生，从小学到中学，学习成绩一直名列前茅。我也挺自信，觉得自己正走在一条前途充满阳光的大道上。然而，在我的人生道路上却出现了岔道。记得那是上初三的时候，在放学的路上，有两位戴墨镜的男商贩上前搭讪，说有好看的书要不要看。那天不知为什么鬼使神差，勾起了我那极强的好奇心，跟着他们来到了拿书的地方，他们拿了一本有皮的书给我。我揭开书皮一看，立刻记起这是我们曾经议论过的那类书，听说是一些禁销的"黄书"。说真的，我还从来没看过。我头脑一片空白，又紧张又兴奋，终于经不起诱惑买了两本回家。这一看不要紧，便着迷上瘾了。我一遍一遍地看，一遍一遍地品味。从此，我像中了邪似的，整天琢磨这些事情，脑子里萦绕的全都是书中的情景。上课总是走神，什么也听不进去，成绩一落千丈，家长也没发现制止。为了寻求刺激，我频繁地光顾地下录像厅，看我们不适宜看的片子。越看那种冲动越多，不会排解和转移，越发感到折磨难熬。上高中后，我发现班里有一位非常美丽的女生，皮肤白嫩，一双美目好似会说话。我的心开始狂跳，"黄书"上的淫秽画面又浮现在眼前，逐渐变成了我与那位女生的活动，这种欲望快要折磨死我了。

经过详细的计划，我先是接近她，经常与她在一起讨论学习问题，建立好关系。在一天晚上，我尾随其后，跟到她家的楼下，假借要与她研究数学问题来到了她家。这并没有使女孩产生怀疑，可我一看家里没人，那种欲望使我再也控制不住了，尤其是当我看到她那成熟的身体时，便头脑发胀，冲到她的面前，将她推倒。用暴力手段，强行奸淫了她。不久后，当我被派出所抓获时，才如梦初醒。

这个案例告诉我们，法律是公正的，也是无情的。它不会因为你没学法、不懂法或一时冲动而宽恕你，也不会因你的犯罪行为是一念之差而原谅你。所以，青少年要认真学习性健康知识和有关法律常识。如果遇到自己难以解决或困惑的问题，建议你不要自己在那儿苦撑着，要学会寻找帮助，提高自身调控能力，健康地度过这段不成熟的、容易冲动的时期。

远离毒品

在我国，毒品是指鸦片、海洛因、吗啡、大麻、可卡因、甲基苯丙胺（俗称冰毒）以及国务院规定管制的其他能够使人形成瘾癖的麻醉药品和精神药品。毒品可以是植物提取物及其加工品，如鸦片、吗啡、海洛因、可卡因、大麻；也可是人工合成的化学制品，如冰毒、摇头丸（亚甲二氧基苯丙胺）。目前有400多种受各国公约、条约管制的毒品。兴奋剂是毒品的新兴一族，目前较为流行的有摇头丸、冰毒、可卡因等。它们上瘾快，致幻作用强，损害大脑，可引起精神病状态，甚至中毒死亡。它的泛滥速度极快，杀伤力极强，涉及全国31个省2148个市县，且青少年乱用最为普遍，18～28岁占74%。这已不仅是哪一个国家的问题，而是一个世界问题了。所以，联合国已将毒品列为国际第一公害。并把每年的6月26日定为国际禁毒日。在我国，吸毒、贩毒均属于违法行为。

海洛因

毒品是扼杀人类的杀手，是世界性的公害。对个人，毒品不仅能使人成瘾，而且还能造成健康的损害，甚至使吸毒者感染艾滋病，艾滋病患者中70%～80%是由吸毒感染的；对家庭和社会，吸毒不但给家庭带来很大的经济损失和家人的精神伤害，还会污染社会风气，制造大量的犯罪后备军，破坏先进生产力和社会文明。所以，全社会都应重视和管理青少年吸毒问题。要知道，吸毒者一旦成瘾便成为一种反复发作的慢性脑病。患上此病的吸毒者，其行为与观念全部被毒品支配，身不由己，即使受过良好教育和有修养的人也会出现人格障碍，行为乖戾，斯文扫地，为了毒品什么事情都能做出来，唯独不愿意戒毒。大量的临床资料表明，吸毒者的复吸率高达90%以上，这足以引起我们的深思与警惕。

就拿摇头丸来讲，摇头丸是一种新型毒品，外观图案新奇，颜色好看，很像糖，所以，很受青少年的青睐。其次，很多人不知道它的危害性，认为不会上瘾，看别人吃了没什么。事实上，摇头丸具有强烈的中枢神经兴奋性作用，服用后会出现运动过度、情感冲动、性欲亢进、嗜舞、偏执、妄想、自我约束力下降，极易发生越轨行为和暴力及犯罪行为，国外称之为疯药和强奸药。在服药期间如遇到不良的外界环境，很容易发生恶性事件。此外，摇头丸有很强的精神依赖性，特异性地损害大脑功能，造成的脑细胞变性是不可逆性的、终生性的，使用数次即可成瘾，过量使用会产生急性中毒，甚至死亡。此外，对中枢神经系统有致幻作用，在幻觉和妄想的支配下容易出现暴力行为和精神分裂症表现。新型毒品服用后还具有春药的作用，可致性幻觉，出现过度的性冲动，长期导致性器官细胞变性，造成终生不育。

青少年由于本身的身心发育特点，好奇心强，喜欢赶时髦，好冲动、叛逆、耐受不了困难和挫折，而且对是非的识别、判断和鉴别能力相对比较差，加之尝试新生事物的欲望比较强，对毒品的危害和成瘾性认识不足，特别是在同伴的鼓励劝诱下更容易失去理智，受他人影响发生盲从行为而吸毒。有人可能会想我是好人，永远不会遇到这种情况。其实不然，在经济全球化发展的今天，谁也不能打自己的保票。因为人是开放的、运动的、发展的、变化的，接触的人和环境也在不断地发展变化，有时难以预测，即所谓的山不转人转，尤其是加入世界贸易组织（WTO）后，遇到的问题更多，所以，青少年应该对毒品的危害性有充分的认识，以便面对毒品时有足够的心理准备和应对能力。

那么，当面对他人劝诱吸毒时，该如何应对呢？以下的方法可供你思考和参考：

（1）拒绝的态度要坚决，不给对方以可乘之机。你拒绝的态度要让对方感到惧怕，不敢再有引诱之想。

（2）告诉劝诱者，没有钱买这类东西食用，也不想免费尝试。

（3）告诉对方，如果是我的朋友就别来劝诱我、害我，否则绝交。

（4）一定要清醒、冷静，避免在劝诱下激发你的好奇心，一定要告诫自己不论对方怎样花言巧语都要保持理智，尤其对现身说法者更要提高警惕，保持头脑清醒，尽快离开这块是非之地。

（5）如果对方不是一个人的话，那不管他们怎么异口同声地引诱，也不要盲从；即使怂恿或威逼要挟也不要屈从。聪明的做法是借故或寻机离开，如借口回手机或方便等。

（6）记住在这个问题上绝对没有哥们义气可言，因为凡是给你毒品的人，绝不会是你的好朋友，若是好朋友也绝不会给你毒品。尝试一次可能毁掉你一生的前程，千万不要碍于面子而尝试。

（7）在这个问题上，不能存有侥幸心理对无数吸毒病例的追踪研究发现，任何人对毒品都不具有免疫力，很快成瘾，而且一旦成瘾就很难戒掉，甚至终生难以戒毒。虽然我们知道张学良戒毒的故事，觉得毒品没那么可怕，试试又何妨？可是你是否知道，现代的毒品是新型毒品，毒性大、成瘾快，且更难以戒除心理上的毒瘾。可能有人会认为自己不会像他们那样没有毅力，可以与毒品做斗争。这样的事例曾在医学界发生过，有位医生一直认为吸毒者意志太薄弱了，然而，他怎么也没想到，自己试吸后完全被毒品击败了。所以，一朝吸毒，终生戒毒，这是铁一般的事实，难道你还想试吗？

（8）及时巧妙地报警，以免毒品扩散毒害更多的人。在短时间内，及时巧妙地把事实报告给公安机关，尽快把犯罪分子一网打尽。

（9）反规劝，把你所知道的有关毒品的知识告诉他们，告诫贩毒者贩毒是

冰毒

违法行为，害人又害己。干正当的职业才是正路，尽早洗手，如果执迷不悟，肯定是死路一条。但告诫时必须具有很强的说服能力，才能到达反规劝的效果，否则不但达不到效果，反而可能会接受对方的观点，因此，要有这方面的知识和能力储备。

（10）在遭遇困难、打击和挫折时，或孤独、寂寞、空虚时，要学会寻求健康的支持和帮助。如向亲人和朋友倾诉和发泄，这是最安全、最健康的方式。不要以不健康的生活方式如吸毒、酗酒等来解脱，这既伤害身体，又无助于问题的解决，无形中还给自己增添了新的、更大的痛苦和麻烦。

摇头丸

上述方法可随情境不同而灵活选择。当然，最重要的是不要再光顾这类不适宜的环境，而且交友要慎重和有选择，如果发现对方有不健康的嗜好和行为，如不爱学习、对不正当的男女关系怀有浓厚的兴致、结群打架、说谎、迷恋歌舞厅、偷窃等，就应坚决果断地与他断绝来往，决不姑息迁就。因为，交友不但影响你对周围事物的认识、价值观念的形成，而且还会影响你对未来的选择和发展，甚至决定你的命运。

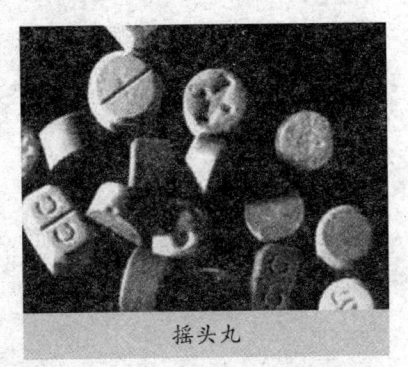

吸毒是违法行为，一旦被发现吸毒就要强制戒毒，而且恋爱、婚姻、家庭及事业也随之葬送。青少年朋友，请您上网好好查一查，看哪个知名的、有所成就的"大家"吸毒成瘾。千万不要愚昧地、盲从地、无知地与自己的人生开玩笑，远离毒品不但是自己的责任，也是社会发展的需要。远离毒品的毒害是每个人的责任。

青春驿动篇

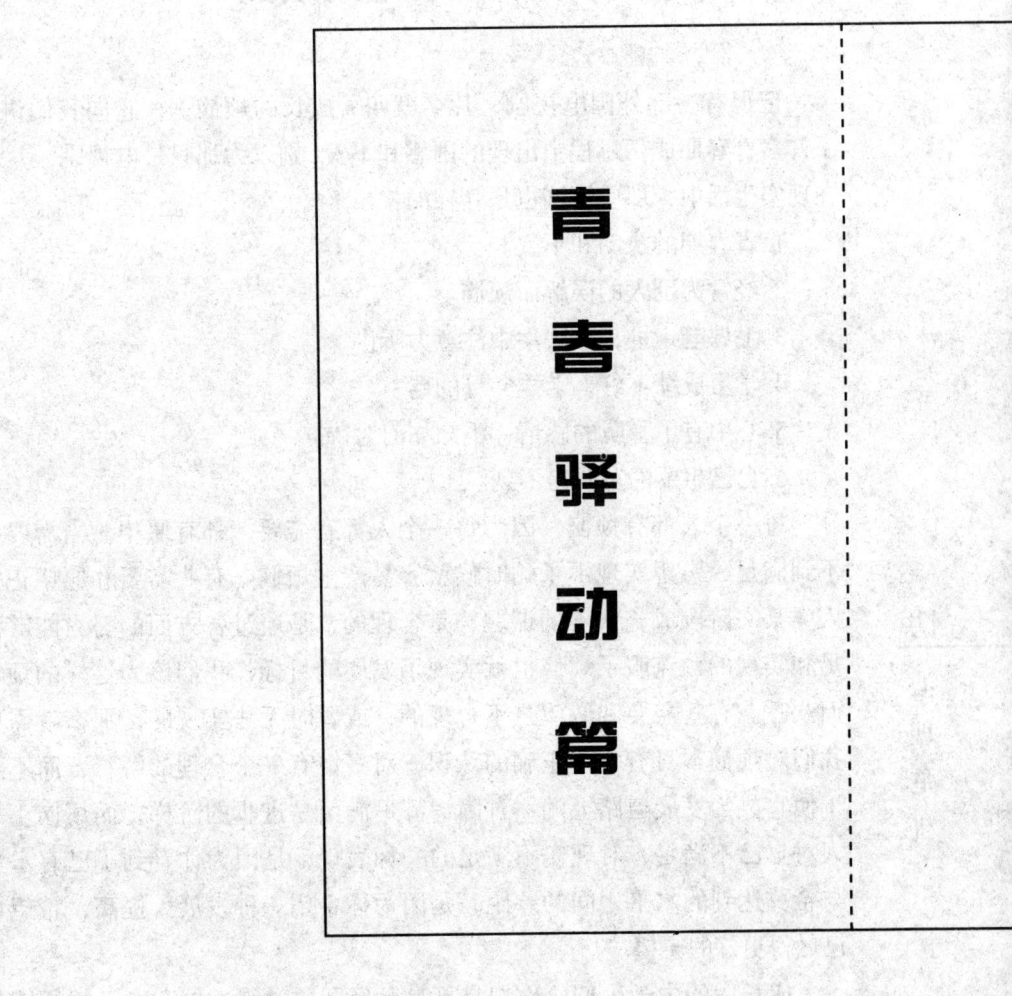

青春躁动中的烦恼

记得有一部外国电视剧,片名就叫《成长的烦恼》,它向我们讲述了许多青春期成长过程中出现的困惑和不安,别以为那只是电视剧,其实,在现实生活中,那些烦恼也是存在的:

1. 青春期的躁动和不安。
2. 经常为别人的误解而烦恼。
3. 上课老走神,没法集中注意力听讲。
4. 学习成绩不好,老挨父母的骂。
5. 心中有了朦胧的感情,不知如何对待。
6. 自己想要的东西得不到。

每一个人都有烦恼,因为每一个人都有需要,都有愿望。当需要得不到满足、愿望实现不了的时候就容易产生烦恼。有些需要和愿望正是人类某一阶段成长发展的课题,是合理的,是通过各方面的努力能够满足和实现的,克服了烦恼也就实现了发展的目标,我们该为这样的烦恼而欢呼。有些需要和愿望是不合理的,或暂时无法实现的,那么就需要我们对烦恼本身有一个正确的认识,对事情有一个合理的解释,而不至于使它成为发展道路上的一种障碍。不满足是进步的阶梯,而烦恼正是人对自己不满足、对现实不满足的一种表现,是因为你看到了已有水平与希冀达到的水平之间的差距,是因为你希望一种发展、提高,希望自己做得更好的愿望。

成长中的中学生们,你们是不是已经开始觉得,探究自己的烦恼其实也是一件很有意义的事情?

当你有烦恼时,你会做些什么呢?是默默无语、垂头丧气地呆坐在那里,任凭无边的灰暗情绪把自己淹没?还是设想一个自己重见阳光时的欢快笑脸？

例如：当你遇到难题，苦思冥想了半天，还是做不出来，心理特别烦，你摔书、砸桌子、扔笔，心里想：我怎么这么笨啊？结果你越来越怕数学，自信心越来越低。这是一种消极反应——从而否认自己，压抑自己，思维走极端，整个人也变得冷漠。

青春期的烦恼

当你遇到难题，怎么做也做不出来而心烦时，你会再努力一下，或实在做不出来就先放下干别的，听听音乐，玩一会儿，心想：有题做不出来是常有的事，或者去问老师和同学；或者自己再想想，再看看书，也许就会做出来的。所以你并没有把这件事放在心上，这事一点儿也不会使你对自己丧失信心。这是一种积极反应——从而重视自己，敢于表达，对一切都有合理的解释，并能采取积极的行动。

想一想，哪一种态度是明智的、可取的？当我们面对烦恼和困难的时候，我们该采取哪一种态度呢？

深深少年心

告别童稚，长大成人，是一个漫长的过程。当一个人处于青春期，他的大脑就像一个安全措施不到位的生物化学试验室，随时都有发生意外的可能。处于青春期的人，在生理和心理上都会发生巨大的变化，进而可能会导致行为上的混乱与无序。因此，对少男少女来说，青春期是人生中最关键、最困难，同时也是最需要父母理解和帮助的时期。对家长来说，只有望子成龙、成凤的良好愿望是不够的，还需要用心、用脑，学一点心理学和社会学知识，才能了解孩子的心理和行为特征，帮助孩子顺利成长。

当我们走近青春期，会有些什么样的特点呢？

（1）独立性增强。

随着少男少女自我意识的形成，我们的独立性急剧增强，我们不再被动地听从父母的教诲和安排，表现出"顺从"和"听话"，而是渴望用自己的眼睛看世界，用自己的标准衡量是非曲直，做自己命运的主人。这种从被动到主动，从依赖到独立的转变，对于青少年朋友来说是成长的必由之路。

（2）情绪两极化。

青春期情感浓烈，热情奔放，情绪的两极性表现得十分突出。我们既会为一时的成功而激动不已，也会为小小的失意而抑郁消沉。我们情绪多变，经常出现莫名的烦恼、焦虑。

（3）心理加上"锁"。

进入青春期，少男少女结束了"少年不知愁滋味"的孩童时代，进入了"多事之秋"。此时由于心理的不断发展，我们的情绪自控能力比孩提时有了较大的提高，学会掩饰、隐藏自己的真实情绪，出现心理"闭锁"的特点。过去爱说爱笑的我们，进入青春期可能会变得沉默寡言。我们常把自己关在房间里，很少和父母交谈，甚至拒绝父母的关心和爱抚。

深深少年心

（4）心理向成熟过渡。

青春期是长大成人的开始，是由不成熟向成熟的过渡，这一过程对我们来说是漫长而痛苦的。此时，我们既非大人又非孩子，原来的孩童世界已被打破，但新的成人世界又尚未建立。因此，内心充满了矛盾和冲突。比如，生理成熟提前和心理成熟滞后的矛盾；独立意识增强与实际能力偏低的矛盾；渴望他人理解，但又心理闭锁的矛盾；以及理想与现实、爱好与学业、感情与理智、自尊和自卑的冲突与矛盾，等等。

（5）行为易冲动。

美国和加拿大学者的最新研究指出，人的大脑中有一个重要的控制中心，负责控制感情和冲动，要到成年早期才能完全成熟。换句话说，在青春期青少年的大脑中，控制神经尚未发育成熟。这是我们行为易冲动的原因。

应该说，青少年出现的各种变化，是青春期生理、心理发展的必然结果，是青少年由不成熟向成熟转化过程中的正常表现。只不过由于青少年的个性特征、家庭环境、成长过程的不同，在每个人身上的表现程度有所不同罢了。

青春期心理的碰撞

一、独立性和依赖性的矛盾

青春期的少年由于独立意识的增强，会有如下种种表现：他们渐渐地在生活上不愿受父母过多的照顾或干预，否则心理便产生厌烦的情绪；对一些事物是非曲直的判断，不愿意听从父母的意见，并有强烈的表现自己意见的愿望；对一些传统的、权威的结论持怀疑态度，往往会提出一些过激的批评之词。但由于其社会经验、生活经验的不足，经常碰壁，又不能从父母那里寻找方法、途径或帮助，再加上经济上不能独立，父母的权威作用又强迫他去依赖父母。

二、成人感与幼稚感的矛盾

青春期少年的心理特点突出表现是出现成人感——认为自己已经成熟，长成大人了。因而在一些行为活动、思维认识、社会交往等方面，表现出成人的样式。内心渴望别人把他看作大人，尊重他、理解他。但由于年龄不足，社会经验和生活经验及知识的局限性，在思想和行为上往往盲目性较大，易做傻事、蠢事，带有明显的小孩子气、幼稚性。

三、开放性与封闭性的矛盾

青春期的少年需要与同龄人，特别是与异性、与父母平等交往，他们渴望他人和自己一样彼此间敞开心灵来相待。但由于每个人的性格、想法不一，使他们的这种渴求找不到释放的对象，只好诉说在"日记"里。这些日记写下的心里话，又由于自尊心，不愿被他人所知道，于是就形成既想让他人了解又害怕被他人了解的矛盾心理。

四、渴求感与压抑感的矛盾

青春期的少年由于性的发育和成熟，出现了与异性交往的渴求。比如喜欢接近异性，想了解性知识，喜欢在异性面前表现自己，甚至出现朦胧的爱情念头等。但由于学校、家长和社会舆论的约束、限制，使青春期的少年在情感和性的认识上存在着既非常渴求又不好意思表现的压抑的矛盾状态。

五、自制性和冲动性的矛盾

青春期的少年在心理独立性、成人感出现的同时，自觉性和自制性也得到了加强，在与他人的交往中，他们主观上希望自己能随时自觉地遵守规则，力尽义务，但客观上又往往难以较好地控制自己的情感，有时会鲁莽行事，使自己陷入既想自制，但又易冲动的矛盾之中。

青春期的少年

青春期的心理就是在这样的矛盾中形成并慢慢趋于成熟的，是一个自然过程。父母要注意尊重与信任孩子，多与孩子交流感情，了解他的心理，协助孩子把自己的生活安排得充实且有意义。而且更重要的是帮助孩子正确认识性这个"禁区"的内容。

什么是性

性与生俱来，性伴随人的一生，性是人的生命与健康的重要组成部分。性的潜能在人的成长过程中得到发展、发挥。性的基本含义有：

1. 性的生物生理层面。指生命的孕育和诞生及性别的由来，性的健康与疾病。

2. 性的心理情感层面。指身为女性或男性的感觉、思维、态度、情绪表现。

3. 性的社会文化层面。指性的观念，性别的社会化，两性的交往与关系，性别角色，两性的权利、义务和性别平等，以及性的道德界限与法律规范等。

青少年接受的科学性教育，就是逐步了解性的相关知识，掌握正确的性知识和主流文化所倡导的性观念，并用以指导自己的行为与实际生活，维护自己的性健康与性安全。

什么是性心理

性心理是指与男女两性活动相伴随的、个体的一系列性心理现象的总称，是个体对异性魅力所产生的一种能动反映。它包括性欲望、性感觉、性知觉、性记忆、性想象（性幻想）、性思维、性情绪（性情感）、性意志、性气质、性能力、性行为等。它是人类个体心理生活中的重要组成部分。个体的性心理会随着人体的性成熟和自我意识的发展而逐步复杂。各种性心理虽然有其各自的特点和发生发展变化的过程和规律，但它们是相互联系、相互制约、相互促进的，并渗透到人们的生活当中。

青春期性心理主要表现在以下三个方面：

1. 渴望了解性知识。由于性成熟而表现出对性知识的兴趣，是青春期性心理的必然产物。青少年渴望从书本上得到科学的性知识指导，又想从自身生理的变化上明白导致这些结果的原因。这种要求是正常的，也是合理的。如果青少年在青春期没有从学校与家长那里得到科学的性知识，把探求性知识看成是羞耻的，甚至是罪恶的，或者怀着一种好奇心，秘密地探求有关性的知识，则极有可能受到一些非科学的、不健康的，甚至是有害身心发展的性知识影响。

2. 对异性的爱慕。这种互相爱慕，是以两性间的自然吸引为基础而产生的最纯洁、最真挚的感情。它是一个人性爱心理发展的原始阶段，这只是一种朦胧的对异性的眷恋和向往。随着年龄的增长，会由朦胧的感情转化为明朗的初恋激情，到了那一时期，性心理的各方面也逐渐发展成熟，会表现出一种多少能用理智控制的特征。

3. 性欲望。青春期表现出性欲望和性冲动是正常的生理和心理现象。性激素是性欲望的生理动因，与性有关的感觉、情感、记忆与想象都是引起性欲望的心理因素。由于强烈的性冲动，对性怀有极大的好奇心，陷入性的遐想。在抑制性冲动的过程中，青少年应加深对社会的认识，或是把这种能量转移到学习或体育活动中去。

什么是健康的性意识

健康的性意识主要表现在以下几方面：

1. 遵从主流社会公认的性伦理道德。尽管现在社会上的性观念已经比较开放，但主流社会的原则始终是恪守文明、讲究性道德的，从来都强调性行为必须置于爱情和婚姻的前提下，倡导性的尊严。

2. 对各种性信息有清晰的识别能力，并对色情信息有一定的"免疫"能力。在各种媒体上常常会看到有性意味的图文，它们会对视觉、性欲造成极大的冲击。能否正确区分正当与不正当的性信息，抵挡它们的诱惑并远离意乱情迷，是判断性意识健康与否的重要标准。

3. 能有效控制自己的情欲。青春期的男女都会有性冲动，是跟着感觉走还是把性冲动置于自己的掌握之中，是对性意识的最好考验。

4. 与异性关系的适度把握。异性相吸是人之常情，但前提应是在自尊的基础上尊重异性。毕竟男女有别，而且每个人都有权支配自己的感情，只有在互相尊重的基础上交往，才能建立良好的形象。

青春期性意识的发展阶段

青春期性意识的发展大致需要经过三个阶段：

1. 异性疏远期。从青春期开始，男孩和女孩便开始明显地意识到彼此的差别，使他们感到陌生与不安，又由于对两性知识的缺乏，因此在异性面前会产生一种害羞或畏惧心理，从而彼此疏远。当然，有些男孩和女孩的疏远期不明显或是根本就没有。

2. 异性接近期。在青春期的发展中，经历了异性疏远期后，男女之间又有了一种喜欢接近的需要，异性相吸在这一阶段开始表现出来。男孩与女孩间的交往变得敏感和谨慎起来。不少中学生开始对自己的外表格外关注，对于异性给予的评价也十分留意。

3. 原始恋爱期。随着对异性接近心理的发展，男孩与女孩开始对异性产生好感，并进入进一步亲近、了解的阶段，即原始恋爱期。这一时期的爱慕，并不像成年人的爱情那样具备丰富而有意义的精神生活。这种恋爱是单纯的，甚至是连青少年自己也无法解释明白为何产生对异性的喜欢。

青春期性心理发展的特点

随着性心理的发展，青少年会表现出一系列性心理行为，如对性知识的兴趣、对异性的好感性欲望、性冲动、性幻想和自慰行为等。其主要特点有：

1. 性心理的朦胧性和神秘感。青少年性心理起初只是一种生理急剧变化所带来的本能作用，从而对异性产生兴趣、好感与爱慕，但这种性爱的萌发，带着一种朦胧感。而部分青少年并不了解性的知识，只是觉得性有浓厚的神秘感。在朦胧纷乱的心理变化中，性意识会逐渐强烈和成熟起来。

青春期的男女

2. 性意识的强烈性和表现上的掩饰性。在青春期时，他们会一方面十分重视自己在异性心目中的地位，另一方面却又表现得拘谨、羞涩和冷淡。他们内心对某个异性很感兴趣，但表现上却有意无意地表现得不屑一顾。有时会表现得十分讨厌男女间的亲密动作，但实际上又很希望自己能得到体验。这种矛盾常常会使他们产生各种冲突与苦恼。

3. 性心理的动荡性与压抑性。由于青少年的心理不成熟，还没有形成稳固的性道德观和恋爱观，加上自我控制力很弱，很容易受外界影响而动荡不安。而有些青少年由于性的能量得不到合理的疏导，从而导致过分的压抑，少数人还会以变态的、扭曲的方式表现出来。

4. 男女性心理的差异性。青春期的性心理会由于性别的不同而存在明显的差异。如在对异性感情的流露上，男性多表现得较为明显和热烈，女性则表现得含蓄而深沉。在内心体验上，男性多是新奇、喜悦和神秘，而女性多为惊慌、羞涩和不知所措。在表达方式上，男性较主动，而女性多采用暗示的方式。

少女性成熟的心理特点

1. 爱慕。随着青春期性机能的发育成熟，男女对性别角色开始敏感，彼此在共同活动中，界限分明，偶尔的接触也会显得腼腆、害羞。此时受好奇心和新鲜感的驱动，少女便开始有了对异性的"追求"，即爱慕异性的萌动。从性心理的发展规律来看，爱慕异性是正常的，这种爱慕带有不确定性，并能遵守一定的界限。

2. 选择。选择异性朋友是青春期女性性成熟的心理表现特征。当同性之间的友谊无法弥补所缺少的异性亲密接触的心理安慰，在爱慕思想的驱使下，她们就会有选择地寻找自己的异性知心人，以期获得理解与同情。

3. 倾心。从生理特点来看，性成熟的青春期女性虽然身体发育较为完善，但是心理发育还不成熟，做事欠缺深思熟虑，易冲动，意志薄弱，自制力较差。而处于青春期的男性，也处于对异性充满好奇的性心理阶段，这时两性间就会产生巨大的心理接近力。少女一旦认为找到了倾慕对象，就会把自己的一切都寄予对方身上，而这种心理往往会造成不良后果，例如极有可能引起性欲冲动。

遗精——男性成熟的标志

洋洋今年刚上初二，学习一直不错，也没有早恋。可是昨晚他却梦见了一个很漂亮的女孩子走到了他的身旁，洋洋并不认识她，但是女孩却拉起了洋洋的手，并且与他接吻了。然后两个人牵着手，飞快地奔跑着，来到一间屋子里，彼此脱光了衣服，然后，他把女孩子抱到了床上……

早上醒来的时候，洋洋感觉内裤湿湿的，褪下来一看，里边居然有很多黏糊糊的东西，床单上也有了一块湿湿的地方，他不知道自己的身体里怎么会流出这些东西来，而且想起昨晚的那个"下流"的梦，洋洋就觉得脸发烫。洋洋想："这件事一定不能让别人知道，他们会说我是流氓的。"他更不敢去问爸爸妈妈，可他真的很想知道这是怎么回事。

男孩子进入青春期，大多都会为遗精而羞涩、紧张和不安。他们发生遗精后，不敢让人知道，好像做了什么见不得人的事似的。其实，男孩随着性发育的进展，会对异性产生好感与爱慕，这是正常的性生理、性心理，并不是下流的表现。

实际上，遗精是男青年进入青春期生殖器官发育成熟之后所出现的一种正常生理现象。俗话说："精满自溢。"当精液充盈后，体内的精液储存过多，性兴奋性增强，如若再有其他刺激，如梦见异性、被褥压迫、内衣太紧等，即发生遗精。附睾、输精管、精囊、前列腺、尿道的分泌物平时随尿液排出不被注意。精液和体内其他多种分泌物一样，不断产生，不怕排泄。从生理上讲，这些分泌物制造多少，就排泄多少，不会有耗竭而影响健康的问题。相反，前列腺分泌物如经久不排，蓄积浓缩，反易形成结晶或结石。遗精标志着男子生殖功能的成熟。

睾丸不断发育产生精子，精囊、前列腺不断产生前列腺液，两者混合成精液，在体内聚积到一定量后，就可能出现遗精。男孩首次遗精的年龄为12～16岁，正是中学时代，到18岁时约98%的男同学都已有遗精现象的发生。

一、造成遗精的原因

主要是大脑皮质的抑制过程减弱，性中枢兴奋性增强，在遇到有关性方面的刺激时，常可出现遗精。内裤过紧、包皮垢刺激等可导致反射性遗精，包皮龟头炎、尿道、前列腺、精囊等部位的炎症等均可能出现遗精，但大多数是由于缺乏性知识、观看黄色书刊、录像等造成阴茎勃起并射精。

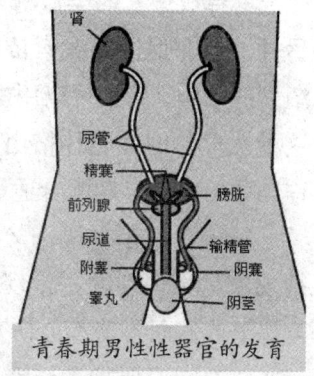

青春期男性性器官的发育

民间有一种错误的观念，认为"一滴精，十滴血"，视精液为体内的"真精"和"元气"，认为遗精可使健康受到严重损害，从而形成很大的精神负担和思想压力，故常出现精神萎靡、神经衰弱、极易疲乏、虚弱无力、腰酸腿软、失眠多梦、健忘等一系列精神症状，甚至造成性欲减退、早泄、勃起功能障碍等性功能疾病。其实，这种担心是没有任何根据的，观念也是错误的和非常有害的。精液本身由精子及副性腺的分泌物构成，其物质基础与身体其他成分相似，主要成分是水，并含有少量蛋白质、脂肪和糖类，每次遗出的精液量也只有3～4毫升，因此损伤的营养是微不足道的，不会损害健康。

二、性早熟

所谓性早熟，是指男孩在10岁以前出现了性成熟的表现。有性腺增大和成熟，第二性征发育，血清中类固醇浓度达成人水平，并有精子生成，出现了遗精现象，这种早熟现象称为早熟性遗精。它常给患者及家长造成精神紧张，甚至不知所措。而这种早熟性遗精见于真性男性性早熟者，病因60%有原发性器质性病变，如下丘脑的损害、颅内肿瘤和其他少数罕见病因引起。

首先要查明病因，让患儿精神放松，家长配合，解除不必要的精神负担。药物治疗有两个方面,即促性腺激素释放激素的激动剂——黄体生成素释放激素的类似物,这类药物可以一直使用到正常青春期的来临。另外,对非促性腺激素依赖性早熟,使用雄激素拮抗剂可以改善过量雄激素的效应,例如可以用螺内酯1.5毫克/千克·日,分3次口服。但是,这种性早熟的儿童体格由于发育过早,骨骺过早闭合,到成熟时身高往往是矮的,应早期配合适当生长激素治疗。

对于青少年来说,父母或学校家长有责任告诉他们,对于偶然的遗精现象是生理性的正常现象,不必过于恐慌,更不是不道德的坏事。粗言恶语或避而不谈都会伤害他们的心理,造成不必要的心理负担。

总之,不要把遗精看得太重,但也不可以掉以轻心。要多采取保护措施,尽量减少遗精次数,让自己拥有健康的体魄和积极向上的心态。

什么是性冲动

性冲动是个体在性刺激和体内性激素的双重作用下产生的性中枢神经系统的兴奋状态。个体的性冲动,一旦产生并达到相当的程度,会伴随着生理和心理紧张,自然而然地需要以适当方式的性行为来消除紧张,恢复到原来的状态。性冲动除了与外界性刺激强度、体内性激素水平有直接关系外,还与年龄、季节变化、自然环境等有密切关系。此外,社会对性的控制程度对个体性冲动也有很大的影响。

性冲动的发生,在绝大多数情况下是由于体内性激素加速分泌所引起的。性冲动是一种生理心理现象,它的诱发途径有:

1. 由各种感觉刺激大脑的思维所引起。当男孩或女孩听到激发性兴奋的语言信号或是看到、触到异性的性感部位,或是闻到异性身上的刺激气息等,都会通过大脑支配脊髓中的性中枢,引起性

青春期有性冲动很正常

器官的勃起或滋润。

2. 性器官直接受到刺激所引起。性器官受到刺激后，交感神经会将信号传到大脑的性中枢，引起性器官充血，从而产生反射性性冲动。比如女孩会被自己喜欢的男孩无意中碰到腰部，会产生一种软酥酥的麻醉似的感觉，这种感觉会流遍全身而产生一阵无法言表的快感。意志薄弱的女孩就有可能对这个男孩做出某种性冲动的行为。

不过，在青少年的交往中，发生性冲动的情况，男孩比女孩多，而女孩对异性间的友谊越是珍视，就越不会接受男孩的性冲动表现。她们虽然也可能有性冲动的意向，但是会因为这种感情的纯真而不许任何粗鲁的言行对它的玷污。

正确对待性冲动

在青春期出现性欲和性冲动，是生理发育和心理发展的正常现象。有的青少年由于缺乏性知识，对自身出现的性欲体验感到迷惑或是恐惧，甚至产生罪恶感。有的则因好奇而盲目追求异性，以致影响学习身体健康。青少年应正确对待性冲动，使自己顺利地度过青春期。具体方法如下：

1. 淡化注意力。避免男女独处，或者想着有关性的问题时不要特别注意身边的异性。把精力投身于集体生活当中，以淡化注意力，转移大脑中枢神经的兴奋中心。

2. 保持异性间的文明交往。处于青春期的少男少女，交往时应自然大方。当对某个异性产生好感时，要学会用理智控制自己，战胜情感的冲动。男女在交往时要注意时间、场合、地点，把握感情的分寸，既要热情大方，又不可轻浮放荡。同时还要避免双方可能发生的那种"说者无意，听者有心"或"自作多情"的情况。

3. 抑制诱惑，净化刺激源。色情的书刊、影视、图画等，对青少年性欲冲动都是一种强烈的不良刺激。所以,青少年一定要学会严格要求自己,抵制各种诱惑。在业余时间可多读些自然、科普、传记类的书籍,以充实自己的精神生活。

4. 强化自制力。一般而言,一个自制力强的人通常性格开朗,兴趣广泛,积极向上,具有良好的道德素养和较为规范的生活规律、习惯。这时,即使产生性冲动,他们也会用自制力加以抑制。

少女为什么会"怀春"

"怀春"多指少女产生性的渴望与冲动,或者是心中有思慕的对象。进入青春期的女孩出现怀春的现象是十分正常的,这是女性生理和心理发育同时作用的结果。女孩在月经初潮后,第二性征明显出现,同时性欲也渐渐出现,会渴望与异性接触,心中也会有仰慕的对象,并喜欢表现自己,希望博得异性的好感,有的还会出现性幻想。产生这种原因的根本在于雌激素水平的升高,而环境的影响、相关影视作品及文学作品的影响等,则是外在因素。

正确看待少女"怀春"

少女如何看待"怀春"呢?首先要明确,这种思想并不是肮脏、淫秽的,是青春期少女普遍具有的一种正常心理,不要自卑或害羞。但也不要过多地沉溺于此,甚至被其误导而失去理性。要正确对待异性间的吸引,自然地与异性交往,不要暗示自己在恋爱,要把现实与幻想分开。少女还应把主要精力放在学习上,培养健康积极的兴趣爱好。请相信:爱情如青春一样,人人都会拥有,却只有成熟的人才能享有真正的爱情。

手淫有害健康吗

前几天，小波无意中看到了一张半裸女人的图片，之后的几天这张图片的形象总会在他的脑海里不由自主地浮现。下午放学回家，躺在床上，那个女人又跳进了小波的脑子里。凝脂般的皮肤，尤其是那被轻纱遮掩的若隐若现的胸部和神秘的下身，想着想着，他下面的"小弟弟"便站了起来。

于是，他把一只手伸到裤子里，想把它按下去，没想到，碰到它的时候，竟然有了一种很舒服的感觉，小波感到很新奇，接着，他又试着抚摸了几下自己的"小弟弟"，越摸越舒服，他情不自禁地闭上眼睛，享受着。一会儿过后，他感觉身体里有种强烈的冲动和欲望，手上的动作变得越来越快，呼吸也越来越急促……很快，一股液体从"小弟弟"的头部喷涌出来……

这之后，小波感觉脑子空白一片，好半天才恢复意识。清醒之后，回想刚才的行为，他突然想到了"手淫"两个字！"天啊，自己这是做了什么啊？"小波感到懊恼极了，恨不得把自己的手切下来。可是，刚才的那种感觉让他觉得真的很舒服！

有了第一次的经验，就有了第二次、第三次，之后小波经常会在睡觉前抚弄一下"小弟弟"。后来，在学校的厕所里，在隐蔽的校园里，他也会忍不住去手淫。但每次过后，小波又都懊恼不已，开始没完没了地责骂自己，他甚至感觉自己开始堕落了。

有些少男、少女染上了手淫的习惯后，常常

正确看待手淫

背着人偷偷摸摸地寻求着刺激。虽然心里觉得这是肮脏的、见不得人的事情，想改，但就是戒不掉。而且每次手淫之后，都处于深深的自责之中，甚至骂自己"下贱、下流"。想找个人说说心里的苦恼，又羞于启齿，就连对自己的爸爸、妈妈也不敢说。并因而经常头疼、头晕，记忆力减退，反应迟钝，睡不好觉，一天到晚萎靡不振，学习成绩直线下降。甚至走在街上，也觉得人们都在用厌恶的眼光看着自己，感到无地自容。

其实手淫只不过是一种习惯，它算不上什么疾病。它是许多人年轻的时候都偶然有过的事情，是一种很自然的现象。当人进入青春期以后，随着性器官和性腺的发育，性激素的分泌会逐渐增多，性冲动也会随之增强；加上年轻人有很强的好奇心，有些人便有意无意地触摸了自己生殖器的敏感部位，性要求由此在某些程度上得到了满足，久而久之便养成了手淫的习惯。这在青少年中是比较普遍的。

手淫是指在没有异性参与下，在出现性冲动时用手或器具刺激自身的性器官以引起快感来获得满足的性行为。手淫男性多于女性。偶尔为之的手淫，其本身对身体并没有什么损害，它既不会影响你的健康和发育，也不会影响你今后的性生活和生育功能。那么，它有没有危害呢？有的，它的危害主要在于手淫者自身所产生的严重的心理障碍。

在我们国家，几千年来，由于严重的封建思想的禁锢，人们对性不敢说、不敢讲。谈到性，说者面红耳赤，听者大惊失色，被认为是低级下流的东西。一些青少年虽然染上了手淫的习惯，但内心却认为这是不道德的，不断受到良心的谴责，因而羞愧难当，认为自己是在犯罪。当听说手淫对身体有害时，又无法凭借自身的力量改掉手淫的习惯，因而产生了深深的恐惧。这种身体上的需求与心理上的反抗形成了一对不可调和的矛盾，巨大的心理压力会导致神经衰弱。有些青少年朋友常常感到头晕、头疼，记忆力减退，萎靡不振，这都是神经衰弱的症状。只要正确认识手淫，减轻心理负担，解除心里背上的沉重包袱，懂得它是人体发育过程中的一种正常现象，这些症状会逐渐减轻，直至消失。

当然，过频的手淫对身体还是有一定损害的，特别是那些不能克制自己的性冲动，整日沉湎于性满足、毫无节制的人，其疲乏、体力衰退、能力降低等症状会更加明显，这就是"纵欲伤身"的道理。

另外，由于手淫多是在偷偷摸摸的情况下进行，事先难以有充分的准备。所以，少女手淫又增加了一分危险。女性的尿道很短，不及男性的1/3，子宫等内生殖器官又通过阴道与外界相通。因此，当少女手淫时，不洁的手或异物有可能将致病菌带入，造成这些器官的感染，引起一些较严重的后果。

手淫并不可怕，它绝不是可耻、下流的事，它不过是一种自慰行为。只有过频的手淫，才会对身体产生一定的影响，是应该戒掉的。正确认识手淫，解除心理压力。

克服手淫可采取下列一些办法：

1. 正确认识性生理与性心理，了解手淫对身心的影响，消除对手淫的过度恐惧与焦虑。

2. 减少性刺激，少接触有色情或性内容的书刊及影视作品，交往时多谈别的话题，少谈与性有关的内容。

3. 保持生活规律，按时作息，不要"赖"床，减少在床上发生性冲动的机会。

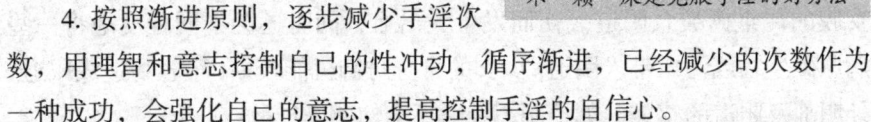

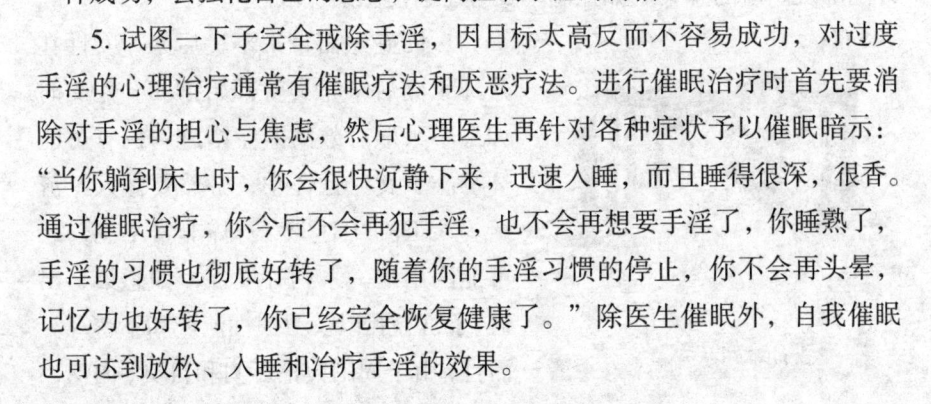

4. 按照渐进原则，逐步减少手淫次数，用理智和意志控制自己的性冲动，循序渐进，已经减少的次数作为一种成功，会强化自己的意志，提高控制手淫的自信心。

5. 试图一下子完全戒除手淫，因目标太高反而不容易成功，对过度手淫的心理治疗通常有催眠疗法和厌恶疗法。进行催眠治疗时首先要消除对手淫的担心与焦虑，然后心理医生再针对各种症状予以催眠暗示："当你躺到床上时，你会很快沉静下来，迅速入睡，而且睡得很深，很香。通过催眠治疗，你今后不会再犯手淫，也不会再想要手淫了，你睡熟了，手淫的习惯也彻底好转了，随着你的手淫习惯的停止，你不会再头晕，记忆力也好转了，你已经完全恢复健康了。"除医生催眠外，自我催眠也可达到放松、入睡和治疗手淫的效果。

不"赖"床是克服手淫的好办法

6.厌恶疗法治疗手淫可采用橡皮圈厌恶疗法形式进行,也就是在手腕套上橡皮圈,一感到有性冲动就拉橡皮圈弹打自己,疼痛的感觉会压抑性冲动,然而马上去干别的事情,以转移对性冲动的注意力,自己默记每次性冲动要拉多少次橡皮圈才能抑制性冲动,经过反复治疗,拉橡皮圈的次数会逐渐减少,直至戒除手淫。

虽然手淫是一种正常的生理释放,但是需要大家注意的是,虽然偶尔的手淫没有什么太大的危害,但切不可沉迷其中,要适可而止,否则就会影响到身心和学业。

少女过早发生性行为的危害

青春期少女,由于身体各系统器官正处在生长发育阶段,尤其是内外生殖器还没有完全发育成熟,这时如果发生性行为,对身体的危害主要表现为以下几方面:

1.造成生殖器管道损伤及感染。由于青春期少女生殖管道没有发育成熟,外阴及阴道都很娇嫩,阴道短,表面组织薄弱,性交时可造成处女膜的严重撕裂及阴道裂伤而发生大出血,同时还会不同程度地将一些病原微生物或污垢带入阴道。少女的自身防御机能较差,很容易造成尿道、外阴部及阴道的感染。如控制不及时还会使感染扩散。

2.因妊娠而带来不良后果。女性在月经来潮后,卵巢就开始排卵。性交时如果不采取有效的避孕措施,极有可能怀孕。少女一旦怀孕,必然要做人工流产。人工流产对少女身体非常不利,还可能因出现一系列并发症,如感染、出血、子宫穿孔以及习惯性流产和不孕等。而且,由于周围舆论压力和自责、内疚,

少女过早怀孕有害健康

会给少女留下严重的心理创伤，甚至影响今后的爱情及婚姻生活。

3. 严重影响心理健康。由于少女的这种性行为常常是在十分紧张的状态下偷偷摸摸进行的，并缺乏相关的性知识，同时在性行为中和事后因怕怀孕、怕暴露而产生恐惧感、负罪感及悔恨情绪，长期如此会使少女出现性心理障碍、性欲减退，甚至出现性冷淡、厌恶性生活。

4. 影响学习。少女正处在学习和积累知识的黄金时代，如果有性生活必然会影响学习的精力，对本人、家庭和社会都不利。

所以，少女应珍惜自己的青春和身体，远离性行为。把注意力和兴趣投入到学习中去，这对于自身的健康成长、事业成就、生活幸福都有重要意义。

未婚先孕会影响女性健康

如果在婚前同居，则在出现种种问题时，女性多处于被动并容易受到伤害。未婚先孕就是最常见的问题。未婚先孕会使当事人受到来自家庭和社会各方面的压力。如果双方感情很深，则可以马上登记结婚。如果双方的感情还没有完全明了，无法定下终身大事，则女方可能就会在男方的劝说下进行人工流产。如果双方情投意合，但由于种种原因不能马上结婚或是还不具备抚养下一代的能力，也只能去做人工流产。如果双方根本没有感情，只是寻欢作乐，那么想让男方负责就更不可能，女方唯一的选择就是人流。

不管基于上述哪种原因，对于女性，所带来的不利影响居多。由于精神上的压力，及怀孕带来的身体反应，会对正常工作或学习造成严重影响。人工流产对于没有生育过的女性来说，是一种身体上的损伤和精神上的巨大创伤。如果不去正规医院进行流产，则可能造成更严重的后果。

青少年不能迷恋裸体画

对于多数青少年来说，迷恋裸体画，其实是对异性身体的好奇，对异性的渴求欲望。因为从生理角度来看，性欲是人的本能，但人的行为处世不能仅仅遵循本能，还要接受文明道德对于性的欲望的种种约束。正是由于这些约束，使青少年企图通过异性裸体画来满足自己对异性的欲望。但是青少年的心理发展还不成熟，神经系统的兴奋与抑制平衡能力较弱，又正处于性欲旺盛时期，经常受到异性裸体画的刺激，会产生强烈的性欲，多会造成失眠多梦、精神萎靡、手淫，对其身心健康造成严重影响，甚至可能导致犯罪。所以，对于青少年来说，裸体画是一个禁区，不能过早涉入，更不能沉迷其中。

为什么青少年会做性梦

性梦是人在睡眠状态中所做的与性活动有关或以性为主的梦，比如在梦中与异性拥抱、接触，甚至发生性关系等，这些都属于性梦。性梦的本质是一种潜意识。随着性生理与性心理逐渐成熟，女性也会出现性冲动。这种性冲动在清醒状态下被理智所抑制，然而在进入梦乡时，却不受任何束缚，并通过大脑皮层的兴奋灶而活跃，于是便出现了形形色色的性梦。从生理学角度看，女性在排卵期和月经前期，性冲动比较强烈，偶尔出现一次性梦或每隔十天半月与"梦中情人"温存一番，完全是正常现象。女性的这种性梦应是一种正常宣泄，并非病态。

有的青少年对性梦缺乏正确认识，甚至还会感到羞愧、害怕和惊恐，甚至认为自己做了不道德的事情。其实这种想法是错误的。性梦只是一种生理现象，并不是以人的意志为转移的，并不能代表人的真正意愿。性梦是种不涉及他人，也不涉及道德的内心活动，与思想、道德无关，所以青少年不必为性梦所烦恼，认为是自己道德品质低下，更不必认为自己无耻、下流，从而背上沉重的思想包袱。

正确看待性梦

但是，青少年也不能因为知道性梦是正常的心理现象就沉迷于此，而应科学地认识性梦。如果性梦过于频繁，会导致过度劳累，手淫过频、过强烈，内外生殖器不正常、充血刺痒，或泌尿系统炎症等。出现以上症状者，影响学习和生活时，应及早查明原因，如果属外界因素影响，可及时找医生对症治疗；倘若是心理上存在较大的压力和负担，则可找心理医生进行心理咨询，消除精神压抑和负罪感，也可少量服用药物进行对症治疗，以改善睡眠。

出现性幻想怎么办

性幻想又称性梦幻、性想象，是性心理发育的产物，它是人在清醒的状态下，虚构出带有一系列性爱情节的心理活动。性幻想的本质是性生理成熟后一种排解性冲动的方式，可以宣泄内心的压抑，对心理冲突有平息和抚慰的积极作用，它对人类性心理的发展也具有一定积极作用。性幻想和性梦是有区别的。人做性梦时，大脑处于无意识状态，是不由自主发生的。而性幻想是在大脑有意识的状态下进行的，幻想者能够清楚地知道所想的内容是现实生活中根本不存在的、虚构的，因而能对性幻想进行控制。

青少年性幻想的内容十分丰富，可以是现实生活中的心仪异性，也可以是自己喜欢的各种明星，甚至是一个理想的性爱对象。性幻想的活动可以是约会、拥抱、接吻或是做爱等。性幻想主要是由于性成熟后对异性的迷恋引起的，它是青春期男孩、女孩的一种自慰，是在没有异性参与情况下的一种自我满足性欲的活动，具有一定的积极作用，所以少男少女要对性幻想有正确的认识。

正确看待青春期性幻想

性幻想是一种正常的生理现象。有的青少年可能会受传统教育的影响，认为性幻想下流、不健康，从而产生自责心理。也有思想开放的青少年，则会错误地把性幻想与现实混淆，试图实现幻想，认为自己真的爱上了某个异性，或向对方表达心意。这些将会影响他们性心理的健康发展。进行性幻想还应适度，如果一个人整天沉迷于性幻想中，以致无法进入正常生活中，就是一种不健康的状态了。所以，青少年应该用健康充实的精神生活来占据想象的空间，不要沉迷于言情小说、淫秽的读物或电视节目，多读些内容健康向上的书籍，多参加有益于身心的体育活动，科学安排日常生活。

不在幻想中沉沦

18岁的悠悠是个身材匀称、发育较好的女生。高中毕业后，悠悠进入一家私营的电脑培训中心担任电脑教师，工作中表现得很出色。可是不久后，她发现自己整天都处于心神不定的状况，整天都失魂落魄的，做什么事情都会分心。当她去买菜时，会一边走一边设想自己是那么光彩照人，吸引了众多的英俊青年；设想自己拥有很多的金钱，然后买自己想要的东西……那种感觉简直太美了。

　　后来，她喜欢上了一个男孩。每天晚上熄灯后，她躺在床上任思绪飞扬，想象着那个男孩的诸多优点，醒来后弄得头昏脑涨。等第二天再见到他时，她又拼命地克制自己，不去理他，甚至当他主动与悠悠说话时，她也装做没听见。

　　悠悠无论如何也控制不了自己的情绪，她越发感到自己已脱离了现实，迈入了另一个极乐世界。梦幻总是充斥着她的大脑，有时她甚至想到自杀。

　　梦，这是一个受到几乎所有青少年喜爱的字眼，他们总是把一切美好的东西都和这个字联系起来。

　　当然，青少年现在爱做的是白日梦。所谓"白日梦"，是一个心理学的名词，指的是一种精神和思维状态。"白日梦"是一种正常的心理状态，很多青少年都有"白日梦"的心理体验。

　　按照心理学家的观点，"白日梦"是青少年在心理成熟过程中一种可能发生的不自觉、无意识的活动，因此在一定范围内它的发生是自然的和正常的。但是如果过了头，陷于其中不能自拔，让梦想完全取代现实的生活，则是非常危险的事。

　　调查研究表明，绝大多数青少年所做的"白日梦"，从内容上来说通常是愉悦、积极向上、鼓舞人心的，避免触及能引起坏结果的事情。所以，适度的"白日梦"是有好处的，它能增加青少年的进取心，起到对心理的平息与抚慰作用。

　　有位哲人说得好："幻想可以点缀生命，但是远方的云不能构成天空。向往可以活泼生命，但不是人生。我们总不能成天幻想远方，而抛弃现实。"

　　在青少年中，有一部分人是用可望而不可及的"白日梦"来达到心理上的满足的。可怕的是在这些人中，有为数不少的一部分人沉迷于虚幻的境界而不能自拔。他们在现实中感到贫乏和空虚，就任凭缥缈无边的梦幻支配着自己，左右着自己。于是"白日梦"就像毒品一样，吞噬着他们的青春与美好时光。

　　当然，提到"白日梦"，我们就不可避免地要提到"性幻想"。到了青春期，许多人都会对性有较高的敏感度：看到有关两性内容的书或电视，自己会产生莫名的冲动和兴奋；看到漂亮的异性时，脑子里时常情不自禁地想入非非。于是，有的人会认为自己变坏了，脑子变复杂了，为此很懊悔、自责。但这时的少男少女，无论身体或心理，都远未达到成熟，还不能如成年人那样通过合法的夫妻关系满足自己的性欲望，于是，常常在性的刺激下产生与之有关的联想，我们称之为"性幻想"。性幻想是指人在清醒状态下对不能实现的与性有关事件的想象，是自编的带有性色彩的"连续故事"，也称做白日梦。

正确看待青春期"白日梦"

　　这都是青春期惹的"祸"。这是发育过程中正常的性生理和性心理现象。人的性腺在出生后基本处于沉睡状态，因此，儿童期不会产生性兴奋。只有到了青春期，少男少女的性腺开始发育并逐渐趋于成熟，于是在它的作用下，会产生性激素，男性主要为雄激素，女性主要为雌激素。在激素的作用下，人就会产生性意识，就会对与性有关的东西产生好奇及探究的心理，并会产生性冲动，这是青春期发育中一种正常现象。

　　处于青春期的少男少女，对异性的爱慕和渴望是很强烈的，但又不能与所爱慕的异性发生性行为以满足自己的欲望。这样就会把曾经在电影、电视、杂志、文艺书籍中看到过的情爱镜头和片断，经过重新组合，虚构成自己与爱慕的异性在一起。有的同学把想象中的情景用文字写出来告诉他人，以自我安慰。有的同学因没有异性同学邀他一起游玩，他就假设一位异性同学给自己写来了约会的信。这种幻想可以随心所欲地编，编得不满意再重新编；可以毫无顾忌地演，演得不理想再重新演。在进入角色之后，还伴有相应的情绪反应，可能激动万分，也可能伤心落泪。这种性幻想在入睡前及睡醒后卧床的那一段时间，以及闲暇时较多出现。这种性幻想在人的青春期是大量存在的，这种性幻想的出现是正常的、自然的。

性学家指出："性幻想是所有性现象中最为普遍的，很难想象什么人会没有这种心理。性幻想中还会伴有相应的情绪反应，或欣喜若狂或怏怏不乐，由此获得一定的性满足。"性幻想对进入青春期的孩子来说，是正常的性生理和性心理现象。虽然承认性幻想是正常的性心理现象，但绝对不是说可以沉湎其中，因为青春期是人的黄金时期，要做的事实在是太多了。

过多过滥、不加控制的"白日梦"，可能会造成下述两种危害：

1. 女性更喜欢直观的幻想，缺乏有条理的思考。当她们接受A刺激时，就会联想到B场面、C场面。女性全然不顾是否符合实际，完全凭直觉漂流在幻想的世界里。这样的一种心境是绝妙的，因此她们绝不愿反省自己是否有点儿想入非非了。

这就弱化了女性理性的思考能力，使不少女性做事爱凭直觉、想象和感情行事，造成了不少吃亏上当的后果。此外女性爱在"白日梦"中作超越理性和现实的夸张，容易在不良因素的诱发下，患上不能自控的"妄想症"。

2. 女性的心理要求和实际行动之间往往存在一个很大的差距，所以女性的现实能力差。如果耽于幻想，就会进一步加大上述的差距，削弱女性在现实生活中的参与性、投入感、影响力和控制力。

面对这种情况，应该接纳自己的变化，不为自己的情绪烦恼。从观念上认识到自己产生的这一系列情绪是完全正常的。可以说，几乎人人都是怀着这样令人激动的小秘密长大的。别太把性幻想当回事，有时候想想就想想，不必为此而自责，这样反而会使自己对性幻想淡漠一些。因此，应该乐观地接纳自己，正确面对自己情感的需要和变化，不再为自己有如此情绪而自责。

夺回主动权。采取积极大方的态度，与幻想的对象谈话、讨论，并与之交往。在心理治疗方法中，这是一种"系统脱敏"法，即对自己害怕的东西，通过逐步地接触，加深了解，以减缓紧张感，恢复正常心态。

积极引导自己的"白日梦"。运用"白日梦"来丰富精神生活，摆脱心理上的压力和精神上的苦闷。须知，世界上有许多的成功者从小就爱遐想，并从丰富的遐想中走出一条光明的道路来。

选择有趣的活动。平时注意把精力集中到学习和其他丰富多彩的活动上去。人的大脑活动有一个特点，就是同一时间只能有一个兴奋中心，这就是平常说的"一心不可二用"。当你满怀兴奋地去做那么多事情的时候，性幻想也就不辞而别了。不要接触黄色淫秽书刊，那些书刊专门渲染男女的性活动，对青少年有很强的挑逗、刺激作用。

如何看待早恋

早恋是指在生理或心理上还未完全成熟的青春期或青春期之前的少男少女之间发生的恋爱现象。进入青春期后，出现异性爱慕倾向的青少年，会主动接近自己喜欢的异性，双方交往频繁，相互倾心，导致恋爱的发生。出现的原因主要是青少年受年龄限制，涉世不深，缺乏必要的思考能力，更多的时候做事只凭感情。感觉到异性的表现，如学习好、长相好、有特长等，就会使他们产生倾慕之情。如果这时把握不住自己，就会走进情感的误区，产生早恋。

由于青少年对于爱情的理解缺乏正确的认识，往往思考问题不全面，自制力较差，过早坠入爱河是不可取的，并会给自己的正常生活、学习带来不利影响。总的来说，早恋有如下弊端：

正确看待早恋

1. 危害青少年的身体健康。由于早恋，少男少女会把有限的精力大部分放在谈恋爱上，因而往往会忽视体育锻炼。而此时正是青少年身体发育的黄金时期，如果身体得不到良好的锻炼，就可能会出现心音微弱、供血不足、头晕等疾病。此外，由于青少年在此期间的情绪本来就不易稳定，加上早恋的影响，更容易产生食欲不振、浑身无力、头晕恶心等症状。长期如此，还会出现消化道疾病、低血糖等症状。

2. 危害青少年的心理健康。早恋的同学在心理上承受着家长、老师的压力，在与恋人相处时也会有矛盾、冲突，这就很难使其保持正常、稳定的情绪。如果早恋的同学在课后无法与恋人见面，又无法抑制那份思念，则会沉迷于幻想之中。

3. 严重影响学习。爱情需要拥有它的人具有很强的心理承受能力。而青少年身心发育均不成熟，自制力差，陷入早恋，势必要影响学习。多数早恋的青少年都会出现"感情直线上升，成绩直线下降"的现象。青少年时期是学习知识的大好时期，如果不珍惜时间好好学习，势必会影响到今后的发展。

4. 容易使青少年产生越轨行为。随着青少年性机能的成熟，他们往往会产生强烈的性冲动和性要求。由于自我控制能力差，容易因感情冲动而过早地发生两性关系。越轨行为极有可能使少女早孕，从而产生更为严重的后果。甚至有的学生抛弃社会的道德、责任，疯狂地追求性刺激，将自己和他人美好的一生彻底破坏。

5. 有可能导致犯罪。青少年早恋，会给社会带来不安定因素。由于他们年轻气盛，不肯轻易吃亏，更不愿在女朋友面前丢脸，往往会因为一些小事而大打出手，严重者就可能造成违法乱纪。由于谈恋爱还需要物质上的消费，而青少年的消费主要是依靠父母。他们有时为了金钱，就可能参与偷盗事件，以致误入歧途，断送前程。

所以，对于青少年来说，应该珍惜大好时光努力学习，不断完善自己，不要进入早恋的误区。

收到情书怎么处理

下课了,小叶正和同桌说悄悄话,一张折叠好的心形纸片"掉"在了她的课桌上。这张纸是由一男生离开座位扔废纸时经过小叶的座位旁丢到她桌子上的。

小叶吓了一跳。前后座位顿时传来一片嬉笑声、起哄声。小叶意识到那是一封"情书",她的脸一下子变得通红,因为那时班里已经开始流行这种传递方式了。

说是情书,倒也不恰当,因为它只是一张折叠的信纸,没有信封,歪歪扭扭地写了两句话:"我在后面一直观察你,喜欢你已经很久了。"

刚开始,小叶以为就是那个丢废纸的男生给自己写的,但是当她看到信下的署名时,才知道原来是与那男生同桌的另一个男孩子所为。小叶对那个男孩并无过深的印象,只知道他是班里的混混,成绩不好,上课也不爱听讲,经常被老师叫到办公室,也总是被分在教室的最后排坐,小叶也从来不跟这样的人打交道。知道他给自己写情书,小叶感到万分惊讶,同时也有一种莫名的愤怒情绪。

小叶调转头,愤怒地望了一眼那个男生。他似乎知道小叶会看他,也挺不好意思地对小叶笑了笑,然后低下了头。小叶真不知道以后该怎么办。自己可是好孩子,怎么会被这样一个混混"败坏名声"……

青春期是人生舞台上一幕最美好、最精彩的场景,收到"情人卡"或"我喜欢你"这类的小字条,更有甚者还会收到像模像样的"情书",这些都是其中最令人心潮起伏的一支小夜曲。

处在青春妙龄的少男少女都会朦胧而羞涩地产生一种渴望与异性在一起的微妙情感,这正是情窦初开的美好时期。就在这爱情的天使悄悄降临身旁的时候,有的女孩会突然收到一封封感情炽热、不期而至的求爱信。

当你第一次收到这沉甸甸的、充满激情的求爱信，你将会怎样想和怎样做？惶惑、不安、兴奋、激动、希冀与惶恐交织在一起的复杂心情，也许会一齐涌上你的心头。亲爱的年轻朋友们，在这使你心烦意乱和兴奋激动的时刻，该怎么办呢？

当你接到"情书"或者"字条"时，不必声张，不要随意地把字条给自己的好朋友看，当然最好也不要先选择交给父母或老师。即使你不喜欢给你写情书的人，也应该懂得尊重别人的好意，维护对方的隐私和自尊心。

收到情书妥善处理

你应该先认真地回一封信给对方，告诉对方你的想法，劝对方放弃念头，好好学习。一般来说，只要你态度坚决一些，对方就会放弃想法了。

如果那个男生再次向你表达爱意，可能有三种应对方法供你灵活应用。

一是转换话题，比如就当你没有在意对方的话意，巧妙地将话题引向诸如工作、学习、对同学的评价等方面，并"诚恳"征求对方意见，使他的思路不得不跟着你走，从而转移他的注意力。

二是含蓄表意，比如说"我很珍惜我们的同学缘分"、"我想多过几年无忧无虑的日子"、"父母对我要求很严，我不想违背他们的意愿"。

三是晓义喻理，就是讲清楚你们是班上的主要干部，你们的行为有很强的表率作用，不应该起到负面影响，也不应该辜负同学们的信任。相信那个男生是很聪明的，对你传达的这种信息他是可以悟出其中含义的。但如果对方一而再、再而三地穷追不舍的话，你可以再选择告诉师长。

总之，在收到情书的时候，千万不要因为不好意思或者担心伤害到对方而敷衍了事。有的青少年看到对方一片真心地追求自己，不忍心拒绝这份纯情，但又不想跟对方交朋友，于是就模棱两可，这样很可能会让对方觉得你是喜欢她（他）的。甚至有的孩子想通过在交往中表现自己缺点的方式来使对方疏远自己。这些办法很容易将自己不由自主地卷入情感的漩涡中，都是不可取的。

另外，在拒绝了对方之后，最好能够一如既往地以坦然和自若的态度与其继续交往，但要尽量避开与他单独相处的情况，保持一定的距离。这样既不会被感情问题困扰，也不会为此而失去朋友。这种作法可以帮助对方逐渐地平静下来，忘却自己的一时冲动。

爱上老师怎么办

新学期开始了。翠翠一直都对语文不感兴趣，一想到要上语文课，她就头大、头痛、头皮发麻！可头疼也没办法，学还是得上。

她硬着头皮来到学校，准备迎接新学期的第一节语文课。"听说这学期我们换语文老师了！"一坐到座位上，就听到了邻座传来了这句话。换老师？换了老师所有的讲课方式都变了，那我还怎么学好语文呢？翠翠越想越绝望，耷拉着脑袋沮丧极了！

"同学们好，我是新来的语文老师！"

咦，这个声音真好听呀！翠翠猛地一抬头，哇！新来的语文老师好年轻好帅啊！翠翠简直看呆了，"这个老师简直跟我梦中的白马王子一模一样！"翠翠在心里暗想。

开始上课了，翠翠赶紧打开笔记本，做出听课的样子。"真没想到，新来的语文老师会这么帅，真是太幸福了！"想着想着，她抬起头看了老师一眼，谁知道目光正好和老师对上了，翠翠突然感到脸上一阵发烫。

接下来的日子，翠翠开始盼望上语文课了。她总喜欢偷偷地观察老师穿什么颜

爱上老师怎么办

色的衣服，什么款式的鞋。放学后，总是校园里转悠，希望能多看看老师一眼，而且一闭上眼睛脑子里就会浮现老师的样子，她感觉耳边好像一直有个声音在问：老师喜欢我吗？他要知道了我喜欢他会怎么看我呢？同学们知道我喜欢老师会不会骂我不要脸？

翠翠越来越焦躁不安起来。"唉，我怎么会这样啊，我怎么可以喜欢上自己的老师呢？"

情窦初开的害羞少女喜欢上英俊帅气的男老师、青涩多情的阳光少男迷恋起清秀温婉的女家长……这并非是琼瑶小说中的情节，而是不少走过孩子时代的人曾经有过的经历。心理学的研究发现：不少人都会经历一个向往年长异性的阶段，有人称之为"英雄崇拜"，有人称之为"牛犊恋"。

其实，这种"恋师"现象不足为奇，因为在孩子接触最多的年长者中，除家庭成员外，便是老师。并且多数老师在德、才、识诸方面发展得又较好，足以让孩子迷恋崇拜。因之，老师极容易成为处于思春期孩子的爱恋对象。

由于千百年来传统性别角色意识的影响，在女性身上至今还存在着较大的对男性的依赖。因此，在少女身上更容易产生向往年长于自己的男老师的"牛犊恋"。

也许很难界定爱情、友情与崇拜之情，它们在很多时候是可以相互转化的。但"牛犊恋"还远不是成熟的爱情。它更类似于"粉丝"对歌星的感情，尽管可以爱得一塌糊涂，但还不属于爱情。即便女孩子认为那就是爱情，那也仅仅处于萌芽状态。

由于师生间存在着诸如年龄、阅历、经验、角色等方面很大的差异，使得"牛犊恋"往往是如痴如迷的"单相思"。其实，与其说是单相思，不如说它仅仅是一种父兄式的心理崇拜。要知道"爱"与"喜欢"、"欣赏"是不同的。又高又帅的老师极易引起女同学对爱情的幻想与憧憬，但这往往是不切实际的。

师生恋情大多不能发展为正常的恋爱关系。所以有人说，师生恋大多是一朵难以结果的花。

怎样与老师正常相处

"亲其师而信其道"。孩子与老师建立融洽的关系是非常重要的。融洽的师生关系孕育着巨大的教育"亲和力"。

那么,我们应该怎样与老师交往呢?

1. 尊重老师,尊重老师的劳动

尊敬师长是我们从上学第一天起就接受的教育,尊师重教更是中华民族的传统美德。老师是把我们引进知识大门的人,他们是辛勤的园丁,他们甘做祖国未来人才的人梯。我们每一个孩子在学习、品德上的每一点进步,无不凝结着老师的心血。老师是人类灵魂的工程师,对这些从事崇高职业的人,我们应该十分尊敬。

尊重老师不仅要做到礼节上的尊重,比如见面主动打招呼,课前把讲桌擦干净,课间擦黑板,还要尊重老师的劳动,即上课认真听讲,积极回答问题。

对老师的尊重,不仅表现在表面的礼貌热情上,更应该表现在尊重老师的人格方面。有时几个同学聚在一起用老师的缺点或生理缺陷给老师起外号,这就是不尊重老师人格的表现。尊重老师的人格,就是要不讲侮辱老师的话,不伤害老师的自尊心。

你可以喜欢某一位老师,你也可以不喜欢他。但不喜欢并不等于可以侮辱他的人格,可以不尊重他。因为尊重老师不只是尊重他个人,同时也是对他所承担的工作及所具有的知识的尊重。

2. 勤学好问,虚心请教

有的同学经常发这样或那样的牢骚话:"这个老师的水平太低了。"这样的牢骚话是不正确的。其实,老师的学问、阅历在某些水平上肯定是高于孩子的,所以要勤学好问,向老师虚心请教。这不仅对自己的学习有帮助，还会增加与老师的交流，增进与老师的感情。每个老师都喜欢爱动脑筋的孩子，向老师请教问题也往往是师生交往的第一步。

3. 关心老师

老师的劳动，在一定程度上是一种无偿的奉献，老师付出的心血难以计数。作为孩子，应该在生活中的一些小事上关心老师，表示对老师的感激之情，这也将激励老师更加满腔热情地投入到工作当中去。

关心老师在平常的一些小事上就可体现，比如帮老师搬把椅子、给老师倒杯水，教师节前夕，送去一张小小的贺卡、一封情真意切的信，表示对老师的感激之情，对老师来说这是最大的安慰和补偿。孩子的赠品，哪怕只言片语，也会使老师非常激动，使他感到自己的劳动得到了承认。

尊重老师

4. 对老师的过错或不当行为要谅解

常言道："金无足赤，人无完人。"老师也不是一贯正确的。如教学方面，老师不管知识多么丰富，也是有限的。在教学当中也不可能一贯正确，讲课时也难免有差错。有的老师太严厉，爱训斥人，这都有可能。我们应该知道，老师认真、细致地教我们，严格要求我们，确确实实要帮助我们成才，他们的全部心血都倾注在孩子身上，就是为了孩子能学好，长大能成为有用之材。

所以，他们有时所做出的一些不当行为，大多是因为"恨铁不成钢"所致，其出发点是好的，只是方式方法不妥。因此，我们应该宽容、谅解老师，不能顶撞，尤其不能当众顶撞，不应该从此不尊敬老师，甚至嘲笑、侮辱老师。

5. 指出老师的不足要注意方式方法

老师有不当行为，我们还是应该给他们指出来的，但是要注意方式方法，不能有损老师的威信，不能故意给老师难堪。首先，老师也有自尊心，指出老师的不足，要考虑老师的自尊心，所以，说话要有礼貌，口气要委婉，不要当着众多同学和其他老师的面指出老师的不足，应该采取个别交谈的方式，或在下课时递张纸条给老师，即使是当场指出来，也要注意说话的分寸，最好采用商量的口吻或不肯定的语气。

你知道什么叫"爱情"吗

随着青春期的来临，你会发现自己和以前不太一样了。见到英俊的男孩时，心会控制不住的"砰砰"直跳，有时还会脸红。你的脑子会时不时地闪现出一个异性的影子，让你不禁感到困惑："为什么会这样？我是不是爱上他了？"继而把自己归结在了早恋的行列中。

那么爱上一个人到底是什么感觉呢？

爱情是有排他性的，是带有占有欲的。一旦两人之间产生了这种感情，便不允许对方和自己以外的异性交往。而且，当你爱上一个人的时候，在感情的支配下，你可以为对方付出一切，甚至生命。

其实，青少年的这种对异性的朦胧情感只是一种青春期的怀春而已，只是对异性的倾慕，这种倾慕往往发生在那些个性独特、与自己性格互补、学习出众、长相姣好的异性身上。倾慕的对象可能是一个，也可能是多个，并且常会随着时间的变化而不断转移，这几天喜欢这个人，过几天又喜欢那个。虽然这是进入恋爱期的一个准备，但它还不是真正的恋爱，此时的感情还存在很大的盲目性和可变性。

爱不仅是一种情感，也是一份责任，年少的我们还担不起这份责任。我们不排除中学时期的恋情有通往婚姻的可能，但是，绝大多数是不会结果的花。

因此，凡是恋上老师的少男少女，都必须调节自己的性心理。首先应想到，老师再优秀，但毕竟是老师，与自己是两代人；其次，还应明白，自己看到的毕竟只是老师的一面，对老师的全部并不了解，就如我们崇拜许多明星，我们只看到他们的才华，但人品怎样，有没有劣迹，无法知道。

有一个女孩曾这样说："我曾经狂热地暗恋物理老师，把他看得十全十美，但自从有一次，无意间看到他买菜时为一毛钱和小贩争执得唾沫飞溅，甚至说话粗鲁，顿时，心目中高大的形象轰然坍塌。"许多少男少女常常把爱恋的对象加以美化，这是心理误差，也是不成熟的标志。

青少年正常的异性交往对性心理的发育起着至关重要的作用。如果与多个异性同学保持友谊关系，就能更客观地看待对方，也能通过比较来明白异性真正的优点是什么。这样的少年男女，心态比较平和，内心充实，精神生活比较丰富，不太容易钻牛角尖。反之，性格内向，朋友较少或根本没有朋友的人，容易陷入对某个特定对象的情感之中，而且易走极端，不容易从情感漩涡中走出来。

你知道爱情是什么吗

以下是克服"牛犊恋"的几点建议：

1. 保持理智

少男少女如果发现自己对某位异性老师产生了喜欢、迷恋或爱的感情，应该清醒冷静地考虑这种感情是否恰当，是否有结果，是否会给自己和老师带来麻烦。很多老师都已经有了自己的家庭，闹不好，就是一生的伤害，毁了自己，也毁了别人。因此，不要轻易地将这种感情表达出来，以免使自己和对方处于尴尬地位。

2. 投入紧张的学习

感情不是说放下就能放下的，要快些走出来，最好的方式就是不让大脑有空闲，不让大脑有胡思乱想的时间。作为一名孩子，你应充分认识到学习的重要性。只要你能全力以赴，投入学习，其他的一切都会随时间淡忘。

3. 坦然和同学、老师相处

你的优秀，大家都是认可的，经过了这一番波折，更能说明你是一个能战胜自己的强者。当然，近期尽量不要和那位老师单独相处，以免造成思想的动乱，课上把他作为一位值得敬重的老师，努力去学习他所任教的学科，这样才算是真正对得住老师。

有些女孩有这样的困惑：我喜欢自己老师，那我不就是坏女孩了吗？

其实，欣赏一个人进而喜欢上他，是一种很自然的反应，况且，爱美之心人皆有之。你的老师又是那么英俊优秀，如果没有人对他有好感，去敬他爱他，那倒是有点儿不正常了。

你喜欢老师，这份感情不掺杂任何世俗的名利意识，没有任何的功利思想，就是单纯的爱慕，从这个角度来讲，是不是可以说它是一种非常纯洁、美好的感情呢？所以，别因喜欢自己的老师这一件事就给自己扣上坏女孩的帽子。人们所说的"坏"，往往是对别人造成伤害，而不是伤害自己。而在这整个过程中，你没有伤害任何人，也不愿意伤害任何人，怎么能说自己"坏"呢？

没必要使自己陷入自责的泥淖。把它看作自己青春路上的一段坎坷，留在自己成长的道路上，让它随着青春的脚印渐渐远去。

人格优化篇

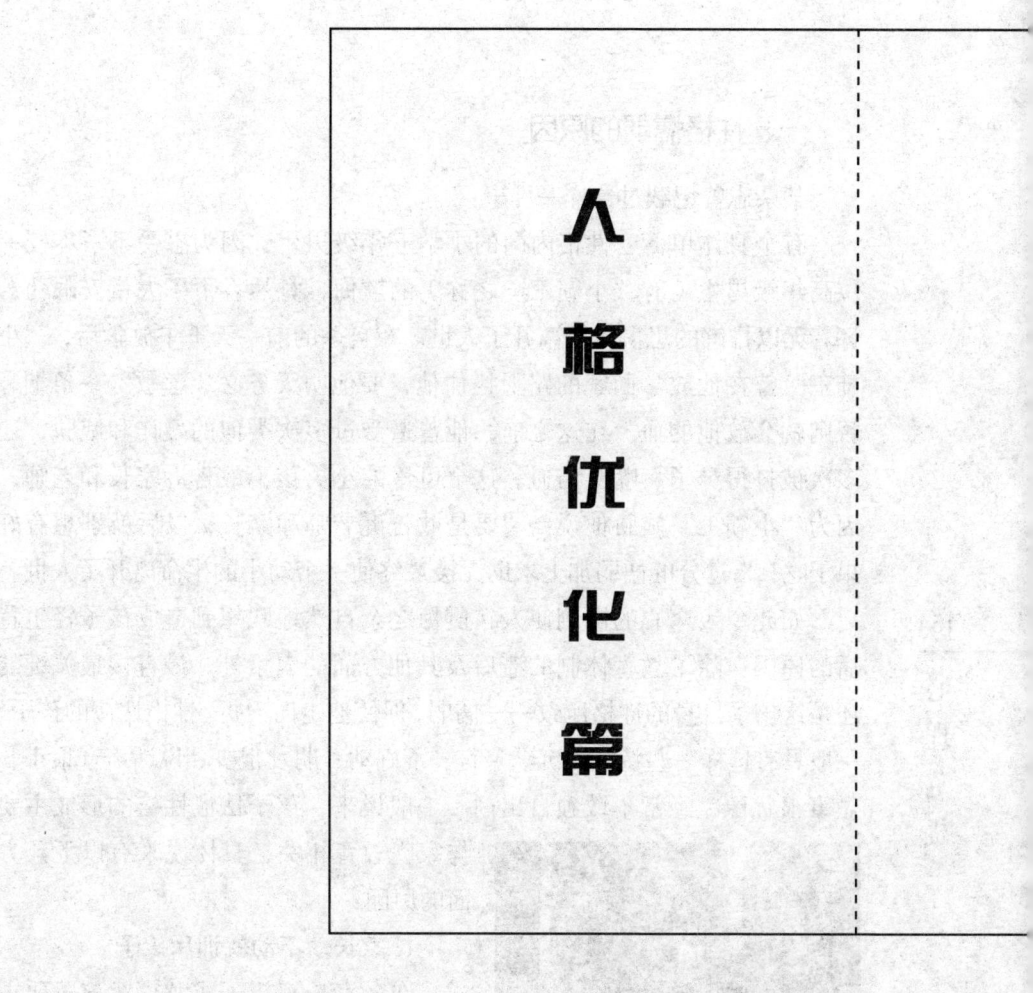

为什么有的学生内心懦弱

一、性格懦弱的原因

某杂志曾记载过这样一件事：

有个身体单薄、性格内向的小学五年级男生，因为忍受不了本校一位高年级男生（有"小霸王"之称）的欺侮，竟然吞下了大量安眠药，怀着无以排解的恐惧含恨离开了人世。在自杀的前一天下午放学后，"小霸王"曾在他放学回家的路上拦住他，要他明天务必"孝敬"一条烟，否则就会放他的血。在这之前，他曾遭受过多次类似的敲诈和威胁，还多次被打得鼻子、嘴巴出血。这个可怜的小男孩不敢告诉家长和老师，因为"小霸王"威胁他说："要是敢告诉老师和家长，以后就别想有好果子吃！"过分的懦弱加上求助无援最终使一个幼小的生命离开了人世。

如此令人寒心的惨例使人在震惊之余自然地联想到造成孩子轻生背后的原因：除了教育体制的滞后及其他方面的因素外，最直接最关键的还是这孩子自身的性格所致——懦弱，促使他走向夭折。性格怯懦的孩子，一般具有这样一些特征：沉默寡言、不好动、朋友很少、说话声音很小、做事很犹豫、经常不敢独自出门。一般说来，孩子怯懦性格的形成主要与家庭教育相关，具体说来有以下几方面的原因：

1. 家长动不动就训斥孩子

许多家长都望子成龙，对孩子要求很苛刻。当孩子的表现没有达到家长的愿望时，家长就会严厉地训斥孩子，骂孩子没有本事，甚至体罚孩子。这样做

内心懦弱怎么办

会大大地挫伤孩子的自信心。许多家长为了让孩子多利用时间好好学习，把孩子管得过死，甚至剥夺了孩子除学习以外的一切自由。长期发展下去，孩子的活动范围就特别小，甚至不敢和外人打交道，怯懦的性格就慢慢形成了。

2. 家长对孩子的爱太多

现在的孩子大多是独生子女，许多家长疼孩子疼得太过分，对孩子的一切都大包大揽。有人这样描述一些溺爱孩子的家长的举动："饭不用他自己盛，生怕烫着；苹果不用他自己削，生怕伤着；路不让他多走，生怕累着；高处不让他去，生怕跌着；学骑自行车，父母双双跟着扶着，生怕摔着……"这样实际上是在暗示孩子，你什么都不能做，孩子自然就对父母产生了严重的依赖心理。

3. 学生的气质性因素

有的学生生性腼腆、胆小、好独处，性格内向、拘谨、不爱活动、不愿接触人，因此这样的学生容易产生懦弱行为。此外有的学生因长相不美，身材过胖或过矮，有口吃或口臭等，他们因自惭形秽，而不敢与人交往，不敢与人交谈，逐渐形成懦弱心理

4. 遭遇过挫折

有的学生在与他人交往中，曾有过不愉快的经历，产生了挫折性障碍，如被人讥讽、呵斥或抢白而产生自卑心理。试过交往失败受打击的结果后，学生变得神经过敏，为寻求自我保护而不再与人交往，不敢再尝试交往失败的滋味。

5. 愿望得不到满足

有的学生渴望与人交往，但个人交往需要未能得到满足，因缺乏友爱和群体支持，使其内心苦闷、抑郁、沮丧，学生整天沉迷在个人小天地里，或幻想愿望得以实现，或忧心忡忡，最终导致社交退缩行为发生。

二、克服懦弱心理的若干种技巧

克服懦弱心理也有技巧，心理学专家向学生朋友推荐了下面几种技巧：

1. 用熟悉的环境消除懦弱的心理

日本心理学家多湖辉先生说，他常看到去考场参加考试的考生和参加谈判的商人，他们都是由于参与非常的活动而把服装从上至下以及随身携带的东西，都换成全新的。这非但不能壮胆，反而因新的装扮而受窘，陷入更孤独、更不安的状态中。

多湖辉先生认为心中不安时，若将自己身边的东西全部换新，就有一种只身入虎穴的感觉。因为愈是不习惯周围的环境，愈会造成一堵厚厚的墙将人排拒在外。这种状态，心理学上称为环境的未分化状态。

所以与陌生人见面或去一个陌生的地方时，应尽量将自己用熟的东西带在身边，不论是铅笔还是手帕等小物件。带着这些日常生活中所爱用的东西，就如同带着一部分熟悉的环境。无形中，这种援助的力量，会起到一种安抚、舒解紧张、不安的心理，给人以信心。

2. 释放紧张的情绪，消除懦弱的心理

在生活当中，遇到怯场的时候，可用内视法使自己平静下来。内视法是研究心理学的主要方法之一，这是实验心理学之祖威廉·华特所提出的观点。此法就是很冷静地观察自己内心的情况，而后毫无隐瞒地抖出观察结果。

如能模仿这种方法，将复杂多变的心理秘密，毫不隐瞒地用言语表达出来，那么就没有产生烦恼的余力了。

例如初次到某一个陌生的地方，内心难免会忐忑不安。这时候，不妨将此不安的情绪，很清楚地用语言表达出来："我几乎愣住了，我的心忐忑地跳个不停，甚至两眼也发黑，舌头凝固，喉咙干渴得不能说话。"这样一来，就可将内心的紧张情绪释放到外界，心情反而得到意外的平静。

妥善应对怯场

3. 坦白直率地说出自己的想法，消除懦弱的心理

法国有位摄影师，绰号叫"脱衣名人"。在他面前，无论多么著名的女星或是电视演员都似乎被他的魔力所吸引,大大方方地让他拍摄自己的裸照。为了弄清其中奥秘,别人曾问过他为什么会具有这种魔术般的吸引力。没想到,他的回答却出乎意料的简单。他说,他对来到摄影场拍裸照的人,开头第一句就说:"我今天要拍你的裸照。"将自己的目的明明白白地说出。其实,在生活中他是位极胆小的人。为了消除自己臆测"她是不是会答应我"或"我要如何说服她"时的紧张与不安,而开门见山地说明目的。

这种直触核心的直率态度能引起对方的好感,而达到本来目的。

日本著名的人寿保险推销员原一平,在他刚刚涉足保险界时曾去会见一位汽车制造业的大亨。当时,他一下子怯场了,不过他没有故作镇静,而是坦白直率地对大亨说:"我一见到你,就觉得很紧张,连话都说不出来了。"不料,他这样说完后,那令人讨厌的恐惧一下子消失了,他又变得从容不迫起来。

这个现象的奥妙就在于紧张不安的心理活动,一旦用语言明确地表示出来,心理重负也就卸下了,重新扬起了自信的风帆。

三、改变懦弱心理的几种训练方法

任何一个学生都不希望自己是懦弱的,但既然已产生懦弱的性格,就要正视,寻求改变的办法。下面介绍几个小技巧,可以参考借鉴:

1. 反条件训练法

反条件训练法就是有意识地创造各种条件多次重复进行登场前的预备演习,以便使语言流畅,临场时能稳定自己的情绪。如,你有在开班会发言怯场的毛病,那开会之前就先拟好讲稿或提纲,然后自己先念几次。再把你的观点在家人、朋友、同学中自然地说出来,最后在开班会讨论发言时,你熟悉了自己所要讲的内容后,语言就流畅了,心情也会因此而镇定。

2. 自律性训练法

有的时候没有条件事先做充分准备,当你临时出场而感到紧张时,这时必须控制紧张情绪外露,使神态保持自然,身体保持舒适的姿势,然后以自慰的心理告诉自己："我很舒服，很镇定。"这种自律性的安慰，也可以达到消除紧张、放松心情的效果。

3. 模仿法

经常注意观察和模仿一些泰然自若、善于交际、活泼开朗的人的言谈举止风度，对照自己的弱点加以克服。根据自己的气质养成自己的风格。

4. 气氛转换法

在与人交谈或在公众场合发言时，当你从别人的眼神、表现中发现不自然时，千万不要以失败者的心理对待自己，你可以在人们毫不注意时迅速转换话题，使气氛得到缓和。如果你觉得某一阶段学习过于紧张，可以进行适当的娱乐活动和休息，使心情平静，增加活力，以消除因精神疲劳而造成的紧张心理。

大胆举手发言

成功的人生需要拥有刚毅的性格

董必武说得好：刚毅的性格，表现在遇到困难、挫折时，能够不灰心、不动摇、不悲观，顽强地和厄运抗争。刚毅的性格是一切成功者所不可缺少的，刚毅的性格是中学生战胜懦弱的有效武器。

有没有坚强刚毅的性格，也是区别伟人与庸人的标志之一。巴尔扎克说："苦难对于一个天才是一块垫脚石，对于能干的人是一笔财富，而对于庸人却是一个万丈深渊。"有的人在厄运和不幸面前，不屈服，不后退，不动摇，顽强地同命运抗争，因而在重重困难中冲开一条通向胜利的路，成了征服困难的英雄，掌握自己命运的主人。张海迪克服了常人难以想象、更难以忍受的巨大痛苦，取得了许多正常人所没有做到的成绩，因而赢得了全国青年的衷心尊敬。

没有一个人生来就刚毅，也没有一个人不可能培养出刚毅的性格。其实，普通人所有的犹豫、顾虑、担忧、动摇、失望，等等，在一个强者的内心世界也都可能出现。鲁迅彷徨过，伽利略屈服过，哥白尼动摇过，奥斯特洛夫斯基想到过自杀，但这并不排除他们是坚强刚毅的人。刚毅的性格和懦弱的性格之间并没有千里鸿沟，刚毅的人不是没有软弱，只是他们能够战胜自己的软弱。只要加强锻炼，从多方面对软弱进行斗争，那就可能成为坚强刚毅的人。

刚强意志并不是一朝一夕所形成，它是长期磨炼、潜移默化的结果。像战斗英雄们在战斗中所表现出来的勇敢和刚强，并非来自战场上一时的冲动。相反，在英雄平时的生活中，在他们千百件的日常小事中，就已经包含着刚强性格的因素了。

最刚强的人是那些具有最坚强的精神支柱的人。一个人只要精神支柱不倒，在痛苦的考验面前就不会倒下。

《红岩》中的江姐，敌人用各种酷刑折磨她，十个手指都被钉进血淋淋的竹签，她宁死不屈，始终没有透露半点党的机密。江姐的刚毅和坚强，就来源于她对革命事业的坚强信念，来源于她对党的事业的无限忠诚。

前苏联英雄奥斯特洛夫斯基，在革命战争中受伤，后来引起全身瘫痪、双目失明、周身疼痛，光只是活下去就必须有巨大的毅力。但奥斯特洛夫斯基不仅咬紧牙关活下去，还以惊人的毅力写出了《钢铁是怎样炼成的》等名著。

《红岩》中的江姐

由此可见，顽强刚毅的精神，实际上已超出了个人性格的范畴，它在很大程度上要靠人生信仰、追求等坚强的精神支柱来支撑。

学生需要具有直面挫折的勇气

挫折与磨难是人生的必修课，如果你无法在逆境中生存，那就意味着你将无法适应未来社会。因为在现实生活中，每个人都会碰到各种各样的挫折。成功者与失败者的区别就在于对待挫折的心态与承受能力。具有了抗挫能力，中学生的懦弱心理便会得到改变。

在挫折面前，有的人顶住了，结果获得了成功；有的人消沉了，就只能是逃避矛盾，最终失败。

曾经有这样一个例子：

一位女学生在高考分数公布的前几天自杀了，而她的分数实际高出了高考录取线。原因是这个孩子从小很少经历过挫折，在班上的成绩也一直名列前茅，但高考结束和同学们对答案时，发现自己做的有许多和同学们不一样，这时，她就感到自己考砸了，因受不了考不上大学的打击，自杀了。

汉朝的司马迁

再如某大学一个男生，考试时因为作弊被老师发现，自杀了。这样的例子太多太多。这样的中学生即使再聪明，也无法获得伟大的功绩。

相反，历史上那些成就大事业的文学家、科学家、企业家哪一个不是历经磨难？如我国汉代的司马迁受宫刑之后作《史记》；意大利的伽利略屡遭打击、磨难，甚至被判终身监禁仍旧坚信自己的研究，他甚至被迫在教皇面前忏悔，但他站起来时仍旧坚定地说："地球仍然是动的！"意大利的天文学家布鲁诺更是因为坚持真理而被烧死。

当然，今天的环境比之过去好多了。但种种不如意、种种失败、种种挫折随时都会出现，这时中学生就应该增强自信，变挫折为动力，勇敢地面对挫折。

怎样走出回忆往事的困惑

有一位学生讲过这样一件事：

前一段时间，我总会不自觉地想起以前发生的一些不愉快的往事，并且情绪特别激动、特别气愤。但是能在很短时间内"清醒"过来，我提醒自己：过去的事情已经过去，不要再乱想了。开始我并没太在意，最近我突然觉得这是不是一种心理问题呢？有时"清醒"过来时，一想起自己的某些想法特别可怕，好像不是我自己。我该怎么办呢？

这位学生的困惑并不奇怪。当一个人将一些不愉快的事长久压抑在内心深处的时候，经过一段时间后有可能会突然跑出来干扰我们的思想，影响我们的情绪。在气愤情绪的引导下很有可能会产生一些比较特别的想法，这是因为那些不愉快的事可能给自己造成的伤害太大了，而自己又没能正确和妥善地处理好这些问题，没能在事情出现之后及时地给予化解，以至使这些不愉快的事影响着自己的心情。

那么，我们该如何解决这些问题呢？

1. 转移注意。当你把注意力集中在做快乐的事情上时，你就会忘记不愉快的事情。正如科学家居里所说，当你像嗡嗡作响的陀螺一样高速旋转的时候，你会忘记一切烦恼。老百姓常说一句话——"闲的！"人一闲，忧愁就多，烦恼就多。

2. 改变思想方法。一是把如意与不如意都看成是生活的组成部分，是生活的本来面目，只管往前看，往前走。人生是个过程，就像一次旅游一样。在这个过程中,有愉快的事,也有不愉快的事,对于愉快的事,就像是看到了美景,对于不愉快的事,就像是看到了败景。要想生活愉快,就要经常回忆美景而不去想败景。你看生活中哪个人将自己的"倒霉像"摄下来整天欣赏?中国有句成语,叫做弃之如敝履。敝履是什么?就是破鞋。只要你始终向前看,就不会老想不愉快的事情了。二是珍惜现在。一位国王总是烦恼,他就派大臣去给他寻找快乐。结果大臣遇到了一位快乐的农夫。他们问农夫,你整天都快乐吗?农夫回答说:当然!那什么是快乐呢?农夫告诉他们:快乐就是珍惜自己拥有的一切。比如,你有健康的身体;有学习的机会与良好的条件;有父母的呵护与照顾……

3. 朝着做大事情的目标前进。人生从"赤条条地来",到"灰溜溜地去",也就是三万多天,而很多人又在后悔、自责、叹息、彷徨中空耗了许多天。这是否有点可惜?怎样才能不可惜呢?给自己定个目标,并且制订一个实现目标的计划,然后一门心思地去实现计划,奔向目标。当人面临成功的时候,当人已经不断获得小的成功的时候,就会变得豁达,就会不断感受快乐。

记住,过去的事情已经过去,我们没有必要让已经过去的事情来影响今天的生活。

拨开忧郁的乌云

小莉是一位初中二年级的女生,最近她总是有一种难以言状的苦闷,总感到前途渺茫,上课时对老师讲的东西没有一点儿兴趣,在学校也不想和同学一起玩儿,回家也不愿意和家人说话,对一切都感觉不顺心,老是想哭,但又哭不出来,即使遇到喜事,也毫无喜悦的心情,过去很有兴趣去看电影、听音乐,对数学也很感兴趣。但现在却觉得索然无味。

小莉深知长期苦闷会伤害身体,而且还会影响自己的学习成绩,但又不知道怎样才能从这种状态中解脱出来,因而逐渐导致睡眠不好,而且睡觉时多噩梦，平时不太想吃东西，有时很悲观，甚至想一死了之，但是不知道什么原因，又害怕死。

"我从来没有感到这样心情低落过，我觉得世界全是灰色的。有时候真想离开这里。"这是小莉内心的真实写照。

拨开忧郁的乌云

小莉为什么会这样呢？原来，莉莉的家长在去年因经济犯罪被判刑，从那时起，家庭失去了欢乐，她与舅舅和外公外婆住在一起，虽然舅舅对她不差，外公外婆也很疼爱她，但是在家里感受不到爸爸妈妈所给予的那种温暖和关爱，在学校总感觉同学们在背后议论自己的家长，感觉受到了同学的歧视，她特别害怕老师和同学因为自己的家长在坐牢而看不起自己，说自己是坏人的孩子，自己也是坏小孩，所以不敢和同学说话，上课也不敢发言，因而心情压抑。

由于情绪的低落，小莉根本无心学习，虽然很想取得好成绩，但是总觉得心有余而力不足，有时候上课也很难集中注意力，成绩一直下滑，为此，小莉也非常苦恼。

忧郁是一种情绪状态，忧郁就像乌云一样笼罩在青少年的心里，它是一种忧愁和伤感的情绪体验。孩子的忧郁一般表现为情绪低落、心境悲观、郁郁寡欢、闷闷不乐、思维迟缓、反应迟钝等，在认识上表现出负性的自我评价；在动机上表现出对各种事物缺乏兴趣，依赖性增强；在躯体上还可表现出明显的不适感，食欲下降或是食欲猛增，失眠或是过度嗜睡等。如果孩子过分忧郁，会导致忧郁症，令许多家长为之苦恼。

近年来，忧郁情绪成了青少年中一种比较普遍的消极情绪。大多数原因是学习的压力过大造成的。长期的忧郁会使人的身心受到严重损害，使人无法有效地学习、工作和生活。在多数情况下，孩子的忧郁情绪都可找到较为明显的影响因素。如性格内向孤僻、多疑多虑、不爱交际、生活中遭遇到意外挫折、长期努力得不到报偿等都可能使孩子陷入忧郁状态。

专家认为，忧郁症的高发期主要是进入中学之后，因为此时大多数孩子开始步入青春期，而青春期又是心理学家公认的危险期或动荡期、由于不成熟和不稳定的心理特点，这个时期的青少年还没有具备适当的能力和技巧去面对挫折，因此，忧郁情绪成了青少年生长和发育的一部分，有的表现为心境多变、偏激和突然的情绪摇摆；有的表现是反抗行为，常招致父母和老师的反感；还有的逃学、学习困难、退缩及身体不适；也有的表现为易生气、烦躁和不安、冒险、吸毒甚至有自杀的念头……总之，青少年的忧郁表现千姿百态，可以是成长常见的忧郁反应，也可以是情绪异常或是行为问题。

忧郁阻碍人生前进的脚步，成功并不是最美的，最美的是能在逆境中继续奋斗努力的精神。成功只是那些努力的一个成果而已。被称为天才，留有九大交响曲以及很多不朽名曲的贝多芬，得了堪称音乐家致命伤的耳聋，一度苦闷忧郁，但是他却能突破这个障碍，向音乐奉献了一生才华。

处在逆境时，有的人会为了想脱离逆境而奋斗，有的人却会为了无法克服逆境而坠落下去。当然，能成功的一定是前者，自暴自弃毁灭自己的则是后者。

美国作家卡莱尔指出：有些人极富悲伤忧虑的能力，他们坚持说自己天生如此，天生情不自禁地"忧郁"和陷入沮丧。但这些全都是无稽之谈。没有人生来就可怜，也没有人生来就忧郁或生来就感到不快。恰恰相反，上天认为人人都应该幸福快乐。

美国作家卡莱尔

真是奇怪，许多人居然能安之若素地对待"忧郁"。无论"忧郁"什么时候"光临"他们，他们都会热烈欢迎。他们到处谈论自己的悲伤和不幸，一遍又一遍地描述自己痛苦的情形，他们喋喋不休地谈论自己的贫困以及一切骇人听闻的琐碎细节，他们对每个人说，自己的命运是多么的不幸。他们似乎还喜欢错误地分析自己人生之所以痛苦，进步之所以受阻的原因。因而，他们总是在不经意间将这些思想敌人的烙印日复一日地打在自己的性格上。

曾经有一位"忧郁"缠身的人，他几乎是一个善于以悲伤情绪感染他人的天才，只要你看他一眼，你也会和他一样开始变得忧郁起来。看他的表情，你一定会认为他的身上此刻正承受着人间的一切苦恼。他一在场，人们就很难笑起来，人们就很难再现安详的神色。无论你曾经是多么富于激情，还是快乐常伴常依，他冰冷的表情和使人泄气的话语，以及他的怀疑和悲伤，总能使你不寒而栗，透心冰凉。

造物主把我们置于这个美丽的星球，意在使我们高兴、快乐，而非要我们悲伤、忧郁，整日愁眉苦脸、牢骚满腹、怨气声声，也并非要我们互相散布、兜售悲伤与痛苦的事情。

爱默生说："一副快乐、聪明的面孔，乃是文化修养的最高境界。"偶尔，我们会一眼瞥见这样一副面孔，这样的面孔有一种人世间都不曾有的光芒，这样的面孔使人确信，它的主人在深思某种神圣的事情。这副面孔是如此的安详、平和，是如此快乐，以致我们都感到自己已经洞悉了"最神圣的东西"。但是，与那些悲伤、忧郁面孔的数量相比，这样的面孔又是多么的稀少啊！

文明世界中是没有苦闷者、忧郁者和沮丧者的位置的。没有人愿意和这些经常愁眉不展的人生活在一起。这种人一在场，每个人都会感到沮丧、泄气，每个人都会竭力远离这种愁眉紧锁的人。

不时忧郁的人是被邪恶的灵魂主宰着。他们忧郁不安时，不可能文质彬彬，甚至对自己的家人也不可能说任何亲切礼貌的话语。

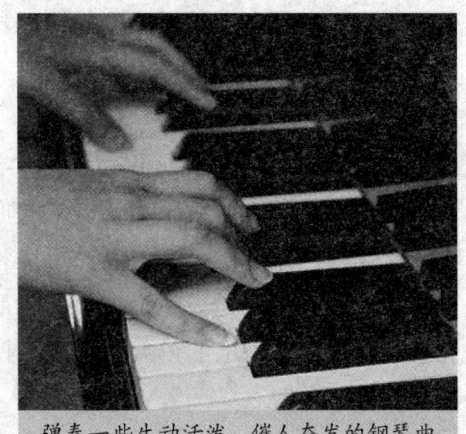

弹奏一些生动活泼、催人奋发的钢琴曲

一位原本多愁善感的女人，她自己就成功地克服了忧郁症。每当她感到郁闷、沮丧时，她就迫使自己唱一些欢快的歌曲，或者弹奏生动活泼、催人奋发的钢琴曲。

那么青少年朋友应该如何来战胜忧郁呢？

在成长的过程中，青少年就像在一个森林中探索一样，他们看不清前面的方向，处处可能出现豺狼虎豹，处处可能遇到艰辛、困难。但是不管生活发生什么变化，不管他们遇到什么问题，不管他们的生活和学习有多么不顺利，不管前面是豺狼还是虎豹，明天会刮风还是下雨，孩子都不应消极，不应沉沦，家长要鼓励孩子勇敢地去面对，用积极乐观的心态去迎接生活和学习的挑战，这样他们才能走出森林，走向成功，赢得未来。

为了青少年能够顺利成长，老师和家长都要密切关注青少年的情绪和心理发展，决不能让忧郁成为青少年健康成长和发展的暗礁。对于已经有了忧郁表现的青少年，专家认为下列方法有助于老师和家长对青少年的帮助和矫治。

1. 教导青少年要理智调节自己的情绪

"人受困扰，不是由于发生的事实，而是由于对事实的观念。"这句至理名言，说明了一个道理：让青少年感到忧郁的，并不总是糟糕的事情，而常常是青少年对它的消极的认识。因此当青少年情绪低落、忧郁的时候，老师和家长需要冷静、理智地帮助青少年分析他们对事物的认识是否正确，考虑是否周到。比如前面案例中所说的小莉因为家长的事认为自己和其他同学不同，从而陷入深深的自卑中，而实际情况可能根本就不是如此。最大的可能是，同学们对小莉的态度没有改变，是小莉自己心中有阴影，所以才觉得同学们在背后议论纷纷，歧视她。由此看来，在青少年产生一些消极的想法和观念之前，就要警示他们思考一下自己的这些想法是否正确。如果能帮助青少年主动地调整自己的看法和态度，纠正认识上的偏差，用理智控制消极情绪，就可以使消极情绪减弱，最终消除。

2. 帮助青少年学会转移调节

所谓转移调节就是根据自己的要求，有意识地把自己的已有情绪转移到另一方面上，使消极情绪得以缓解。在孩子心情低落的时候，家长可以寻找一些令孩子开心或是振奋的事情，比如和同学讲讲笑话，打打球，或是出去踏青等，让愉快的活动占据孩子的时间，让时间的推移来逐步消化他们心里的积郁，用积极的情绪来抵消消极的情绪。家长要教孩子千万不要一个人闷在自己的世界中，陷入死胡同。

3. 引导青少年学会适当地宣泄

台湾作家罗兰在《罗兰小语》中写道："情绪的波动对有些人可以发挥积极的作用。那是由于他们会在适当的时候发泄，也会在适当的时候控制，不使它们泛滥而淹没了别人，也不任它们淤塞而使自己崩溃。"由此可以看出适当宣泄情绪的积极作用。情绪的宣泄有很多种方法，比如：倾诉、哭泣、高喊、运动等。适度的宣泄可以把不愉快的情绪释放出来，使心情平静。当青少年心中有烦恼和忧愁时，家长要教导他可以向老师、同学、家长以及兄弟姐妹诉说，也可以用写日记的方式进行倾诉；情绪低落时，也可以大哭一场；在自己什么事情也不想做的时候，也可以适当地运动，使自己精神振奋。但是，在宣泄自己情绪的同时，要注意时间和场合，不要伤害到别人和自己。

4. 适时暗示

暗示是通过语言的刺激来纠正或改变人们的某种行为状态或情绪状态。老师和家长可以通过自己的积极暗示来减少或是消除孩子的低落情绪。

莫让多疑使你对号入座

于启是一名初中学生，他身材矮小瘦弱，皮肤白皙，还戴着一副眼镜。他生性胆小内向，从不高声说话，其他同学课间欢快地打闹时，他总是睁着一双恐惧和闪烁不定的眼睛在一旁观望。

于启的家长在他3岁时就离了婚，他一直跟着妈妈，从此便失去了父爱。

　　12年过去了，于启和妈妈相依为命，住在一套一室一厅的单元房里。婚姻受挫的妈妈像是被吓坏了，唯恐自己和孩子再受什么伤害。她从不让于启和邻居的孩子一起玩，怕他受欺负，怕别人嘲笑他是个没有父亲的孩子。从于启上小学一年级开始，无论自己的工作多忙，也无论天气多么恶劣，妈妈都亲自送于启上学，接于启放学，天天如此。如今于启已上初中三年级了，当他放学后走出校门，一眼就能看到站在路旁那棵槐树下的妈妈的身影。在家里，妈妈常常告诉于启要会保护自己，不要轻信任何人，轻信的人最容易上当等等，并且常给他讲一些社会上人情淡薄、人心险恶的事例，为的是加强于启的自我保护意识，免得吃亏上当。

　　在妈妈的"精心"保护下，于启不仅极少与外界接触，失去了解社会、了解他人的机会，而且还错误地认为所有的人和事都是不值得信任的，他缺乏对人的最基本的理解和信任。在学校里，他不合群，同学和老师不主动接触他，他是决不会先开口说话的。他不敢也不习惯与人交往，尽管每当看到同学们欢天喜地的时候，他的心里也充满了羡慕和向往，但妈妈列举的过多的反面事例很快就会压倒他那稍纵即逝的冲动和欲望。天长日久，于启便习惯于那种独来独往、冷眼旁观、孤僻少言的生活。

　　有一次，班里组织同学们去青石河郊游。郊游期间，老师给每一个同学发了一瓶矿泉水和一盒盒饭。边吃喝、边做游戏的同学们玩得十分快乐。返校途中，好开玩笑的李庆笑着对周围的几个同学说："看谁明天拉肚子，我刚才把某公子的矿泉水换成了青石河里的水，那可是鱼虾和螺蛳的洗澡水啊！"说完大笑着飞快地骑到前边去了。于启也听到了这句话，他开始怀疑："李庆说的'某公子'会不会是指我呢？他刚才说这句话时，好像对我这边瞟了一眼。"这样想着，他又向李庆离去的方向望了望，正好看见李庆回过头来冲着这边直笑。于启心想，他一定是趁自己不注意时悄悄地拿一个空矿泉水瓶装进河水后换走了自己那瓶真矿泉水。于启回忆刚才喝的水，真的感到与刚开始喝的那几口味道不同，有些发腥发咸。他不由得感到一阵恶心，肚子也有些下坠感。

　　妈妈把他从学校接回家里后，于启怕妈妈生气，没敢把这件事告诉她，便自己打开药箱，根据药瓶上的说明吃了两片药就睡了。第二天起来后他仍然感到肚子里不舒服，总想去厕所。来到学校后，怎么看，他都觉得李庆的表情不自然。于是，他越发相信自己是喝下了河水——那些"鱼虾螺蛳的洗澡水"。

　　几天之后，于启真的腹泻了。在妈妈的再三追问下，他才说出了事情的原委。妈妈听后十分恼怒，她不顾于启的劝阻，到学校找到班主任说明来意，要求学校严肃处理李庆。后经老师调查，李庆根本没有搞这个恶作剧，他在路上对同学说的那句话是随便开了个玩笑。于启去医院做了几项检查，最终也没有查出什么问题。

　　后来，于启的情况越来越糟，整日谨小慎微，从街上买回的食品一定要高温消毒才敢吃。出门一定要戴口罩，全副武装起来。对身体状况也过分关心，稍有头痛脑热便异常担心，请妈妈带他到医院频繁地做各种检查。于启的表现越来越怪异，这种情况令于启的妈妈特别苦恼。

　　多疑，从字面上看就是猜测、揣度、疑惑、估摸的意思。

　　多疑，往往是明显地缺乏事实根据地起疑心，在许多时候也是缺乏思维逻辑。大凡多疑心强的人往往只凭个人主观猜测，以主观想像来猜度别人。他们往往戴着有色眼镜看人，在他们看来，人性都是虚伪的、丑恶的。在这种心态支配下，他们总是处处小心别人，防范别人，戒备心非常强，有时甚至口是心非。人家一扬眉，他就说别人看不起他；人家一撇嘴，他就说人家讨厌他；人家说的话本没有什么敌意，经他一描绘就矛盾突出；人家在说自己的悄悄话，他便怀疑在说他的坏话。总之，对别人的一举一动都耿耿于怀，觉得别人的一言一行都是对自己的侵犯。

　　多疑心强的人，精神常常处于一种人为的高度紧张的状态，凭自己的想像，凭个人的好恶来理解周围的一切，于是，捕风捉影有之，吹毛求疵有之，无中生有有之，把人际交往的正常状况都扭曲了，都当成"敌情"来处置了。

从心理学上讲，多疑心理是一种由主观推测而产生的复杂的不信任的情感体验，是封闭式思维的结果。多疑心理严重的人总是戴着"怀疑"这个有色眼镜看待周围的一切，毫无根据地猜测、怀疑他人，全然不知自己的多疑是建立在缺乏事实依据、毫无道理的主观臆断之上的。在他们看来，被怀疑者的一言一行、一举手、一投足，甚至一个眼神都是可疑的，这正应了那句俗话："疑心生暗鬼。"

心理学家指出，克服多疑心理应从以下几个方面入手：

1. 加强积极的自我暗示

当自己的疑心越来越重的时候，要运用理智的力量进行"急刹车"，控制住自己的"胡思乱想"，要引进正反两个方面的信息，要一分为二地看待自己怀疑的对象，想办法加上一些"干扰素"，如："也许是我弄错了"，"也许他（她）不是那种人"，"也许情况不像我想像那么糟"，等等。条件允许时，可作一点调查，以澄清事实真相，也可以请自己信得过、人品又很正派的朋友帮助分析事情的来龙去脉，清除自己的一些不符合实际的假想和推测。

2. 要信任别人

俗话说，"用人不疑，疑人不用"，既然你选择他作为你的朋友、同事或恋人，就应该充分信任对方，相信他是胸怀坦荡的，相信他不会做不利于你的事。当然，信任是一个双向的过程，在自己真诚待人、获取他人信任的同时也形成他人对你的信任。

3. 要学会全面、辩证地处世待人

要根据事实，实事求是地去看待人、处理事，而不要轻信流言，单

凭主观想像看待问题。

4. 要及时释疑解惑

疑心的产生，必然有一些诱因，或者是对方的过失，或者是彼此的误解。在这种情况下，要开诚布公地、及时地把问题摆到桌面上，用善意的、讨论的方式交换意见，澄清事实，消除疑惑。

5. 加强交往，增进了解

多疑往往是彼此不了解、掌握有关信息过少的结果。多疑产生后，常常又加剧了彼此的隔阂。明了此理，就应主动地增加接触，在交往过程中客观地观察、了解和把握怀疑对象的有关情况，最好能与对方进行开诚布公的交谈，结果就会发现造成自己产生多疑之心可能是由于错误信息的传入；可能是由于一句不经心的玩笑引起的误会；也可能是一些庸人、小人搬弄口舌所致。这正如人们常说的那样：长相知，才能不相疑。

6. 培养自信心

人有所长，亦有所短，每个人都应当看到自己的长处，培养起自信心，相信自己会与周围人处理好人际关系，会给别人留下良好的印象。

熄灭嫉妒的火焰

在某中学，一年一度的"三好生"评选活动开始了，这次评选，不仅要评选班级和校级"三好生"，而且还要评选一名市级"三好生"。对于一名高中生来说，市级"三好生"不仅是一种很高的荣誉，而且对将来参加高考，被著名高校录取十分有利。因此，评选市级"三好生"就受到全校师生的关注。

小宇是校学生副主席，她不仅学习成绩优秀，而且在学生会的工作中也很出色，办板报、组织比赛、主持节目等她都积极主动地去做，成为老师的得力助手，因而是这次市级"三好生"的最佳人选之一。

面对着这种情况，在小宇的同学中却出现了不少嫉妒小宇的同学，杜燕便是其中的一个。这些妒忌心强的同学视她为对手。其中有的对小宇有意疏远，有的则明里暗里与她作对，只要是小宇做的工作，他们就故意设置障碍：刚刚画好的板报插图，漂亮的小姑娘一夜之间戴上眼镜、长出胡须或没了眼睛，整齐的粉笔字不是缺笔少划，就是部首不知去向；小宇主持的班会经常被一些顽皮学生搅得一塌糊涂。

选举市级"三好生"的日期越来越近了，谁也没有想到的是，在班级的"三好生"选举中，小宇却因票数没过半数而落选了。更令人奇怪的是，班上有七八个同学用各种形式向老师告状，诸如在给老师的纸条上写道"小宇自以为了不起，看不起同学"，"在老师面前表现好，在同学面前又是一个样"，"清高傲气、妒忌心强，谁比她强就在背后说谁的坏话"，"说话太厉害，经常大声地批评同学，一点儿不尊重同学的人格"等。有的干脆直接找到班主任老师表态，说小宇根本不配当"三好"学生。

熄灭嫉妒的火焰

在班级里都选不上"三好生"的同学自然无资格再当选市级"三好生"。那些嫉妒小宇的同学纷纷幸灾乐祸，不过，感到奇怪的班主任却展开了调查，经过调查，老师终于发现，这些同学找老师告小宇的状，都是受班上一位同学的指使，就是一位叫杜燕的女同学还是小宇的好朋友，俩人上学一块儿来，放学一起走，周末和假期也常在一起玩儿。经过老师的批评和教育，杜燕承认了自己的错误，她说之所以让同学去告小宇的状是因为小宇各方面都比自己优秀，心里不舒服，于是到处说小宇的坏话，并编造一些莫须有的事情制造同学和小宇间的矛盾。

真相终于大白了，正是杜燕等同学的强烈嫉妒心，使小宇同学落选"三好生"。

如果要定义杜燕等同学的这种情绪，你一定会说，这就是彻彻底底的嫉妒。是的，这就是嫉妒。这种强烈的想得到别人所拥有的东西的欲望，折磨过大多数人，虽然承认起来需要一点儿勇气，但事实上，没有人能够否认，我们的确有过想得到别人所拥有的东西——别人的头发、别人的成绩，甚至别人的父母——的念头，我们在心里无数次地默念，希望一觉醒来，这些梦寐以求的东西就属于自己。

青少年常常喜欢与他人作比较，但当发现自己在才能、体貌或家庭条件等方面不如别人时，就会产生一种羡慕、崇拜及奋力追赶的心理，这是上进心的表现。但有时也会产生羞愧、消沉、怨恨等不愉快的情绪，这就是人的嫉妒心理在作怪。

嫉妒是一种无端生恨的变态心理。从心理学的角度来看，所谓嫉妒，是指对他人优于自己，或者可能超过自己所产生的一种担心、忧虑、害怕或愤怒、憎恨的心理状态。它是一种复合情绪，其中包含着焦虑、忧惧、悲哀、失望、愤怒、敌意、憎恨、羡慕、羞耻等诸多不愉快的情绪。

嫉妒是一种缺陷心理，是以多种形式表现出来的一种变态情感。从本质上说，嫉妒是看到与自己有相同目标和志向的人取得成就而产生的一种非正当的不适感。它是由于羡慕一种较高的生活、或者是想得到一种较高的地位、或者是想获得一种较贵重的东西，但自己又未能得到，而身边的人或站在同等位置的人先得到了而产生的一种缺陷心理，为了弥补这种心理，就会产生嫉妒。嫉妒是一种心理上的痛苦刺激，以致会激发出对他人的情绪上的抵触和对立。

嫉妒心理的发展通常经过三个阶段：

1. 程度较浅的嫉妒。它往往深藏于人的不易觉察的潜意识中，如自己与某同学相处得很好，对于他的优势、名誉、地位等并不想施以攻击，不过每念及此，心中总会感到有一种淡淡的酸涩味。

2. 程度较深的嫉妒。它是由程度较浅的嫉妒发展而来的，其标志是当事人的嫉妒心理不再完全压抑，而是自觉或不自觉地显露出来。如对被嫉妒者作间接或直接的挑剔、造谣、诬陷等。

3. 非常强烈的嫉妒。嫉妒者此时已丧失理智，向对方作正面的、直接的攻击，希望置别人于死地而后快。这往往会导致毁容、伤人、杀人等极端行为。

当一些青少年开始顾虑到自己的专长，注意起同学的成绩以及别人对自己的评价时，嫉妒就会特别敏感地表现出来。这主要是因为青少年心理发展尚未成熟，对自己各方面的能力认识不足，遇上比自己能力强的人时就会感到不安。另外，青少年容易过于以自我为中心，对待他人缺少淳朴的善意，处处想表现自己的优越，特别是当自己曾经帮助过的人超过自己时就会强烈地希望别人在某一方面不如自己。

青少年嫉妒心理的内容主要有以下几个方面：

1. 学习。学业优秀、人际交往能力强的人往往成为嫉妒的对象。

2. 爱情。爱情是青少年开始接触的一个问题。爱情本是一种美好的情愫，然而却容易把双方烧得头脑发昏，走向嫉妒的极端。可以说，爱情与嫉妒是一对双胞胎。轻微的嫉妒可以促进爱情，一旦妒火中烧，则容易把爱情之花烧得枯萎，甚至导致杀人或自杀的严重后果。

西方著名哲学家黑格尔曾经说过："有嫉妒心理的人，自己不能完成伟大的事业，乃尽量低估他人的强大，通过贬低他人而使自己与之相齐。"一般来说，青少年的嫉妒心理具有以下几个特征：

1. 层次的相同性。即所嫉妒的人与自己往往处在同一层次上，或是同一年级同一班级，或是年龄、学识、先天条件都差不多，接受同样教育，面临共同奋斗目标，只是别人占了优势，自己处于劣势，便产生嫉妒心理。

黑格尔

2. 认识的片面性。即不能正视别人的优点和长处，更想不到彼此的差距，往往用自己的长处与别人的短处相比。而且自视太高，骄纵任性，目空一切，很少自我反省。

3. 心态的畸形性。即看到别人成功比看到自己失败还要难受，只想战胜他人，欣赏对方失败。在此心态支配下，为取得教师信任而打击、毁谤他人，对同学的求教漠然置之；有好资料、好书籍独自占有，概不外传；考试作弊，甚至毁掉、偷走比自己强的同学的学习资料和学习用品等。

4. 言行的公开性。青少年比较单纯、直率，有话藏不住，而且措词不掌握分寸，一旦产生嫉妒心理，就会寻找机会发泄，或冷嘲热讽，或公开诋毁，从而形成难以消除的隔阂。

嫉妒心理有严重的危害性：

1. 直接影响人的情绪和积极进取的精神。嫉妒心理是一种破坏性因素，对生活、工作都会产生消极的影响，正如培根所说："嫉妒这恶魔总是在暗暗地、悄悄地毁掉人间的好东西。"

2. 容易使人产生偏见。嫉妒，在某种程度上说，是与偏见相伴而生的。嫉妒程度有多大，偏见也就有多大。偏见不仅仅出自于一种无知，还出自于某种程度的人格缺陷。

3. 压制和摧残人才。在现实社会生活中，在对人才的评价和使用的过程中，因为受到嫉妒心理的干扰，使得有些人才得不到及时、合理的重用。

4. 影响人际关系。荀况曾经说："士有妒友，则贤交不亲；君有妒臣，则贤人不至。"嫉妒是人际交往中的心理障碍，它会限制人的交往范围，压抑人的交往热情，甚至能使好友成为敌人。

5. 影响身心健康。妒火中烧而得不到适宜的发泄时，内分泌系统会功能失调，导致心血管或神经系统功能紊乱，从而影响身心健康。

因此，战胜嫉妒就要做到：

1. 坚定沉着，不断地给自己打气。学会自我满足和陶醉，但切记不是自欺欺人，否则只会更沮丧。当妒火中烧的时候，一定要沉着地将自己所有优点列成一张清单，你会发现，原来自己是如此优秀。

2. 杜绝造谣生事、恶意攻击的言行。当妒火攻心、气急败坏时，急欲给对方点儿颜色瞧瞧，以为这样会破坏对方的优势。但是往往这类谣言、恶语最终都会真相大白，随之而来的是自己人格形象的"蹦极跳"。

3. 培养惺惺相惜的情操。我们在武侠小说中常常能看到这样的情节：隐居世外的高人，若干年后遇到青年才俊，发现对方竟然能与自己抗衡，于是将一身绝技倾囊相授。这一人群前进的动力并非来自嫉妒，他们由衷地欣赏对方，在相互切磋中体验高峰感觉，在美好的感觉中实现了自身的目标，因此惺惺相惜者之间多半不会心存嫉妒。到你优秀背后的刻苦与艰辛。事实上，人们往往并不嫉妒靠辛勤耕耘得到收获的人，他们往往嫉妒的是周围的幸运儿。因此，你只要说出自己付出努力的事实就可以了。

4. 学会关心和鼓励他人。处在嫉妒当中的人，表面看来火气旺盛，但内心却极为脆弱。嫉妒也不是他们故意用来针对别人的武器，而是保护自己的防卫工具，就如刺猬之刺。在这种情况下，关心和鼓励往往是双赢的策略。但这种关心和鼓励不要过于明显，以免对方难堪，"随风潜入夜，润物细无声"，用点点滴滴的细节化解对方的嫉妒。

无须事事和别人比个高下

5. 显出自身的缺点。在适当的时间、适当的场合，故意显示一下自己无伤大雅的缺点。实验证明，人们喜欢有点儿小毛病的人甚于完美无缺的人，因为有点儿小毛病的人不会给人带来压力。同时，在适当的时候请求对方的帮助，表现出对对方能力的肯定。因此，示弱是以退为进、消除身边嫉妒的好方法。

6. 保持沉默。不用理会那些心胸狭窄、刁钻的嫉妒者，要相信清者自清，时间是最好的缓和剂。

虚荣心是怎么回事

虚荣心是一种常见的心态，因为虚荣与自尊有关。人人都有自尊心，当自尊心受到损害或威胁时，或过分自尊时，就可能产生虚荣心，如珠光宝气招摇过市、哗众取宠等等。

虚荣心是为了达到吸引周围人注意的效果。为了表现自己，常采用炫耀、夸张甚至戏剧性的手法来引人注目，例如用不男不女的发型来引人注目。虚荣心与赶时髦有关系。时髦是一种社会风尚，是短时间内到处可见的社会生活方式，制造者多为社会名流。虚荣心强的人为了追赶偶像、显示自己，也模仿名流的生活方式。

虚荣心不同于功名心。功名心是一种竞争意识与行为，是通过扎实的工作与劳动取得功名的心向，是现代社会提倡的健康的意识与行为。而虚荣心则是通过炫耀、显示、卖弄等不正当的手段来获取荣誉与地位。虚荣心很强的人往往是华而不实的浮躁之人。这种人在物质上讲排场、搞攀比，在社交上好出风头，在人格上很自负、嫉妒心重，在学习上不刻苦。

虚荣就是"打肿脸充胖子"。50多年前，林语堂先生在《吾国吾民》中认为，统治中国的三女神是"面子、命运和恩典"。"讲面子"是中国社会普遍存在的一种民族心理，面子观念的驱动，反映了中国人尊重与自尊的情感和需要，丢面子就意味着否定自己的才能，这是万万不能接受的，于是有些人为了不丢面子，通过"打肿脸充胖子"的方式来显示自我。

林语堂

虚荣的心理与戏剧化人格倾向有关。爱虚荣的人多半为外向冲动型，反复善变，做作，具有浓厚强烈的情感反应，装腔作势，缺乏真实的情感，待人处世突出自我，浮躁不安。虚荣心的背后掩盖着的是自卑与心虚等深层次心理缺陷。具有虚荣心理的人，多存在自卑与心虚等深层心理的缺陷，作为一种补偿，往往竭力追慕浮华以掩饰心理上的缺陷。

人比人，气死人吗

其实人比人并不会气死人，如果可以客观地比较的话，结果肯定是比上不足，比下有余，对于任何一个人来说，都是如此。而会气死人的，只是因为自己拿自己的缺点跟别人的优点比较，却忽略了自己的优点，比别人差的地方看得很重，比别人好的地方觉得很普通，甚至忽略看不到。有人会说，人怎么可以跟比自己差的人比呢？要比，当然是跟比自己好的人比了。这句话听起来是很积极的心态啊，好像是在向好的学习啊，看到不足，然后加以改善，不好吗？当然，如果是这样的心态的话，当然是很好，但问题是，往往自己看到别人好的地方之后，并不是开始好好学习和努力，而是不断地埋怨自己，甚至认为自己一无是处。

　　人比人并不要紧，看到别人的优点可以去学习，但是这不应该是自卑和烦恼的理由。事实上，人比人而生气的人，往往是因为自身的性格和心理上的问题，使自己产生了自卑的心态，跟心理医生谈谈，才可以更好地了解自己为什么会产生自卑（人比人气死人）的心态。

　　在一家公司当干事的老王，就是因为自己少评一级职称，少涨两级工资，耿耿于怀，终日喋喋不休，有时大骂出口，已发展到精神失常状态，不能自控。朋友劝其想开些，他根本听不进去，不久得绝症去世。细想起来，实在不值得。如果早早自我调节，怎么能抱着金娃娃跳井呢？看到人家事业有成时，如果自己从中看到了努力的方向，脚踏实地，好好工作，也许下一次涨工资的就是自己了。总之，如果能及时调整心态，结局就不会如此了。

　　所以，人比人是不是气死人，就看你怎么比。

不为一世荣辱得失所左右

　　不要抱怨环境，而应该努力改变心态。

　　不管世间的变化如何，只要我们的内心不为外境所动，则一世荣辱、是非、得失都不能左右我们，牢狱虽小，但心里的世界是无限宽广的。

　　有一个吸毒的囚犯，被关在牢狱里，他的牢房空间非常狭小，住在里面很是拘束，不自在又不能活动。他的内心充满着愤慨与不平，备感委屈和难过，认为住在这么一间小囚牢里面，简直是人间炼狱，每天就这么怨天尤人，不停地抱怨着。

有一天，这个小牢房里飞进一只苍蝇，嗡嗡叫个不停，到处乱飞乱撞。他心想：我已经够烦了，又加上这讨厌的家伙，实在气死人了，我一定捉到你不可！他小心翼翼地捕捉，无奈苍蝇比他更机灵，每当快要捉到它时，它就轻盈地飞走了。苍蝇飞到东边，他就向东边一扑；苍蝇飞到西边，他又往西一扑。

捉了很久，还是无法捉到它，他才慨叹地说，原来我的小囚房不小啊！居然连一只苍蝇都捉不到，可见蛮大的嘛！此时他悟出一个道理，原来心中有事世间小，心中无事一床宽。

所以说，心外世界的大小并不重要，重要的是我们自己的内心世界。一个胸襟宽阔的人，纵然住在一个小小的囚房里，亦能转境，把小囚房变成大千世界；如果一个心量狭小、不满现实的人，即使住在摩天大楼里，也会感到事事不能称心如意。所以我们每一个人，不要常常计较环境的好与坏，要注意内心的力量与宽容，所以内心的世界是非常重要的。

常言道："春有百花秋有月，夏有凉风冬有雪；若无闲事挂心头，便是人间好时节。"

由此可见，在日常生活和工作中，我们会遇到种种不甚理想的环境，而有些环境还比较恶劣，并非主观愿望能左右的，但也大可不必有自暴自弃的心理，既来之，则安之，端正心态，正确加于引导，掌握主动，不让环境吓倒，像毛泽东学生时代还特意抱书到长沙的闹市里去看呢！若我们加一点创意，善加利用，它必定可以有所贡献。当我们抗拒环境的时候，我们应细想一下，如何可以把这环境灵活地使用，把它变成一种好的心态。

抛弃虚伪心理

"虚伪"就是不真实、不实在、做假。例如"这人太虚伪"、"他对人不实在"。单说"虚"是虚假,跟"实"相对;而"伪"呢,就是有意掩盖本来面貌,跟"真"相对。例如"伪君子"、"伪善"、"伪装"皆是贬义。当下,中学生中虚伪之人也不在少数。

一、虚伪的表现

虚伪主要表现在以下几方面:

(1)口是心非,表里不一

自以为很聪明,当面一套背后一套,当面夸得你呱呱叫,背后说话另一套。这种人一开始让人较好接触,见面熟,一旦时间长了,就没有真心了。如,几位同学一起聊天,虚伪的人开口就说:张三同学,我真佩服你,各方面都这么好,真是了不起。背后又对人说:张三这人太骄傲,总以为自己了不起……这就是典型的两面三刀。人们给这种人起了两个美名:甜嘴巴、笑面虎。

甜嘴巴,这种人开口便是大哥大姐,叫得又自然又亲热,也不管他和你认识多久。除此之外,还善于恭维你,拍你的马屁,把你"哄"得舒舒服服的。

笑面虎,这种人好像没有脾气,你骂他、打他、羞辱他,他都笑眯眯的,有再大的不高兴,也摆在心里,让你看不出来。可背后,就要想法攻击你了。

戴着面具口是心非的人

（2）虚情假意，没有人缘

当代社会中，传统友谊的内涵十分丰富，友谊也常受到利用而被玷污，友谊的误区比比皆是。但是，"有了朋友，生命才显示出全部的价值。智慧，友爱，这是照亮我们黑夜的唯一的光亮。"（罗曼·罗兰语）人生活于社会，要和睦相处，就应该互相帮助，互相尊重，互相关心。

而虚伪的人则很难有真正的朋友，因为这种人总是虚情假意，当面让人感到可亲，可真正需要他帮助时，就会又扯谎又找客观原因，一般人一眼就能看出他虚伪的尾巴。在交友中，让人最反感的就是这种虚情假意的人。所以，患"虚伪症"的人的最大特征就是没人缘。

我们看到身边和社会上一些人靠说假造假"办成"了"事"，那是什么"事"呢？是用一纸买来的假文凭找了份好工作，是用让人代笔写的论文拿到了毕业证书，是像有些地方的考生通过作弊上了大学……这样的"事"即使办成了，又有什么可让人羡慕的呢？这不是违法乱纪的行为吗？他们靠这种手段侥幸"成功"于一时，但从此以后，恐怕就要生活在良心的自责和唯恐被揭穿的恐惧之中了。做人绝不可能靠虚伪急功近利，要看远一点，多看几步棋，你绝不要为讨对方的欢喜而失去人格，虽然朋友间直言不讳，说出对方的弱点而影响一时情感，但却能保持长久的友谊。

二、纠正虚伪需要修补自己的心态

人在成长的道路上，不经失败的痛苦，难以得出成功的教训。虚伪这种病态有近期效应，可能会一时难改，但中学生既然已经意识到"虚伪"的危害，那么就应该敢于修正自己，挑战自我。

什么是敢于修正自己？即用正确的心态面对自我、修正自己的错误。在失败的教训中获得正确的、成功的经验。这是一种良好的、必须的成功心态。请问，一个没有敢于修补自己心态的人，一生能有所获吗？

人的一生是正确与错误、成功与失败交织的一生，每个人都在严酷的生存竞争中苦苦挣扎，就像千军万马过独木桥，稍有不慎，就可能被淘汰出局。成功与失败是人生的两个极端，又只在咫尺之间。有人把它们称之比邻而居的门户，也有人说它们不过是前后步伐，其结果相距那么遥远，又紧密相连，成败的转换只是瞬息之间，没有永远的失败者，也没有永恒的成功者。只有经得起成功，更经得起失败的人，才是真正成功的人。在遭遇失败时，我们不妨对自己说："失败只是暂时停止的成功而已！"

每当出现错误时，我们通常的反应是："真是的，又错了，这次是哪里不对？"从另一方面看，有创造力的思考者会了解错误的潜在价值，然后他会利用错误当作垫脚石，来产生新创意。事实上，整个发明史充满了利用错误假设和失败观念来产生新创意的人。哥伦布以为他发现了一条到印度的捷径。开普勒偶然间得以行星间引力的概念，他是由错误的理由得到正确的假设。

当出了差错，或遭受某个挫折，造成了某种损失后，成功者会汲取教训，设法补救，以扭转不利局面，变被动为主动。

人的成长来自两方面，一方面是别人的批评教育与帮助，另一方面是自己的完善与解剖。相对而言，自我教育是最佳选择，因为自己对自己的了解最深最透，只要下决心改正没有改变不了的。但是要记住：一旦自己原谅了自己，真正毁掉自己的人还是自己。

诚实是最好的策略

有一句古谚语说："诚实是最好的策略。"这句话对于日常的生活也是很有借鉴意义的。和其他事业一样，诚实也是商业成功的关键所在。一个著名的酿酒师把他的成功归功于自己的慷慨大方。你可以走到他家的啤酒桶边去品尝啤酒，同时他会对你说："伙计，味道可能还有点淡，下一桶就会好了。"酿酒师把自己的性格融入他的啤酒，啤酒也变得越来越甘醇了。他的名气遍及整个英格兰、印度以及其他殖民地国家，从而积累了巨大的财富。

"言必行，行必果"应当是所有商业交易的基石。对于贸易者、商人和制造商来说，他们与忠诚的关系，应该和士兵与荣誉、基督徒与慈善的关系一样，即使在最低微的职业中，也应当追求正直。休·米勒提到一位水泥匠时说："他放置的每一块石头，都凝结着他的善恶观。"

贸易比其他任何事情更能检测出一个人的品德，它能够对诚实、无私、公正以及可靠性进行最严格的测试。我们设想一下，世界上每天都有大量的货物委托给一些人，甚至是一些职位比较低的人。他们只赚取非常少的报酬，因为大部分利润都会流到船运、代理、掮客和银行职员的手中。但是，这些受委托的人当中，很少有人会做违反诚信的事情。

商人们之间都彼此互相寄予相同的信任和信心，就像信贷体系中所隐含的内容那样，该体系主要建立在诚信原则的基础上。如果商业交易中没有这种普通的惯例，那肯定是非常令人吃惊的。这种诚信的原则实际上是建立在"上帝的原则"之下的，同时又是法律社会的基石，离开了诚信原则，任何法律条文都不过是一堆废纸。

查尔马斯医生说过，这里隐含的信任，对商人们来说已经习以为常了。他们把货物交给远方的代理人，然后分发到世界各地去，也许会跨越半个地球。商人们经常只凭借某些人的品德把大量的财物传递给他们，并向他们委托货物，甚至有可能都未曾谋面。这也许是一个人对另一个人所能表达的最好的尊敬了。

萨姆·弗特有理由要求饭馆对啤酒不足量进行解释，他叫来店主说："请问，先生，你每个月卖出多少桶啤酒？"

老板回答说："10桶，先生。"

"您想卖11桶吗？"

"当然愿意，先生。"

"那么，我告诉你该怎么做，把量给足！"

人们对诚实的态度是千差万别的，但诚实作为上帝的法则却并不复杂，它是唯一的，不是千差万别的。

一位父亲说:"我教导儿子,如果有可能的话,骗人总比被骗的人要强。"

另一位说:"如果你能够做到的话,就要诚实地赚钱;如果做不到的话,就只管赚钱好了。"

第三位说:"诚实总比虚伪好,但这两种我都尝试过了。"人们对于诚实的态度是多么不同啊!

自我意识篇

成长真的是一种美丽的疼痛吗

有位学生遇到了这样一件"烦心事":

不知从什么时候起,我对100分的欲望越来越高。考97分,嫌自己太笨,考99分,怪自己太马虎。

这些问题使我考试前非常紧张,导致我这次期末考试只考了97分和97.5分的成绩。我不断地责怪自己,但是,我真的尽力了呀!马上我就会面临初中的毕业升学考试,我真心地希望自己能够考个好成绩,为初中三年级的学习生活画上一个圆满的句号。这些自己给自己的压力,和我补习的英语、奥数、特长钢琴、小提琴带给我的压力使我认为,自己不应该放松,应该非常用功地学习。我甚至认为,成绩不好,连吃饭的资格都没有。我是真的没有资格吗?

烦恼和压力使我觉得我在成长。但是,谁能告诉我,成长真的是一种美丽的疼痛吗?

人们常说"成长是一种美丽的疼痛",我们觉得它至少有两层意思:一是成长是要经历疼痛的,二是成长可以是美丽的,哪怕它要经历疼痛。这里的"疼痛",当然是一种比喻,拿来比喻挫折、失败这样的"疼痛"。而"美丽",也不是指外表的美丽,而是指在成长中人的能力、智慧、情感等等得到了增长和丰富。成长是不是一种美丽的疼痛,要看你自己是不是"治疗"了自己的疼痛,是不是有了战胜烦恼、挫折的能力。

怎样拥有这种能力呢?

如果真的有魔法棒就好了,这样的魔法棒可以让每个孩子都轻松地实现他(她)的愿望,在试卷上一点,答案就写上了,一百分就得到了。爸爸妈妈跟你发脾气时,拿魔法棒一点,他们的责备就变成了美丽的歌声。那该有多好!可惜只是想象而已。

实际上，在现实中，要想拥有解决烦恼、顶住压力、战胜挫折的能力，只有从你的决心、意志和反复磨炼中得来。你说什么是烦恼？冷静地想一想，烦恼在很多时候其实是因为犹豫不决而产生的。比如，当你经过刻苦努力之后，成绩

没有这魔法棒，也能战胜烦恼

仍然达不到理想的状态，你想暂时放弃，可是你又觉得不应该有丝毫的松懈，这时候烦恼就产生了。压力是什么呢？压力可以说是由差距带来的，你很想考个好成绩，但是现在还做不到，不能够保证百分之百地做到，这种差距使你感到压力。当你的愿望十分强烈时，你就会感到压力变得十分沉重。你现在的烦恼，就是在沉重的压力面前，想退缩而又不能退缩的情况下产生的。

怎么办？首先，放弃努力是不可取的。达到目标、实现理想，要靠自强不息的精神。所以应该毫不犹豫地选择继续努力。当然，坚持不懈地努力并不等于不要娱乐和放松。吃饭、睡觉、娱乐和向着目标努力是不矛盾的。其次，分数只是证明一个人努力程度的一个标准，但不是绝对的唯一的标准。还有一个更重要的标准，是你和自己过去的比较。比如，过去你有很多"马虎"，现在马虎的现象减少了，仔细多了，这就是成绩，就是进步，就是成长，而这不一定马上就能体现在分数上面。此外，成长绝不仅限于学习成绩的提高上，还包括你的意志力以及对他人的关心等方面。比如你以前只关心自己的感受，现在能关心父母和同学了，这也是很大的进步，也是成长的很重要的一方面。总之，只要你觉得比过去强了，就该肯定一下自己，然后在这个基础上再往前去努力。这样做可以使你的压力不至于过大，而且渐渐地，你努力的结果自然会体现出来，包括在成绩上面。

如果你也像案例中那位同学一样对自己的要求特别高，自己对自己的管理特别严格，你这样做，老师和爸爸妈妈当然是喜欢的。不过，人

并不是精确的时钟，上上发条就可以分秒不差。人总会有懈怠、沮丧、失误的时候，即便是成年人或名人、伟人也难以避免。对自己宽容一些不是错，甚至宽容自己反复犯错也不等于你不再去改正错误。成长就是这样，它不会是一帆风顺的，它是一个反复磨炼的过程。如果你发现自己一边写作业，竟然也禁不住想玩一会儿时，应该承认这是人之常情，而不必停留在对自己的责备上面；把心收回来，继续做下去就是了。在你把心收回的那一刹那，你的意志力就在起作用，你的意志力就是在这样的磨炼中不断加强的。

是的，正如案例中那位同学所言——"烦恼和压力使我觉得我在成长"，谁的成长是一帆风顺、波澜不惊的呢？如果用成长的眼光去看待烦恼和压力，就不会被它们所缠绕，不管在你经历它们时是多么疼痛，疼痛是多么真实，看起来是多么难以摆脱，它们最终都会被你成长的脚步甩在后面，而你的成长就会真的变得美丽动人了！

长得不漂亮，怎么办

有一位学生这样向别人诉说：

我今年满15岁，刚上初三，现在跟我最亲密的要算那面小镜子。每天只要一有空，准把小镜子拿出来仔细端详一番。起先我也是抱着一种自我欣赏的态度来照镜子的。可日子一长，我开始对自己的相貌"横挑鼻子竖挑眼"起来。发现自己的五官都"不甚理想"：眼睛过小了，而嘴巴又太大……这样每日照镜子不是孤"相"自赏而是自怜了。我每天埋怨父母把不良的基因遗传给了自己，让自己无"脸"见人。为此，心中总升起一阵阵的惆怅……

这位同学的"惆怅"实在没有必要。

人一到了青春期，就开始喜欢琢磨自己的长相，对自己品头论足起来。可这一"品"一"论"，便引出许多少男少女的无限烦恼。像这样的事例在青少年中并不少见。发展心理学的研究表明，青春期是人认识自我并急于肯定自我的人生阶段，而自己的外部形象更是他们进行自我评价的重要方面，这一点常常被成人所忽视。他们觉得自己的外貌几乎就是自我的全部象征，直接关系着自己在同龄人中的地位与尊严，因此容不得半点"差错"。于是，他们开始"吹毛求疵"地研究起自己的外貌，女孩倍加关注自己的长相、身材和皮肤，她们特别爱照镜子，不是嫌自己鼻梁太低，就是嫌自己额头太窄，对于发胖更是有一种病态的感受。而男孩经常忧虑不安的，是他们认为自己的身材不够高大，脸上长痘及身体超重等。尤其是他们把身材高大与男子汉的形象联系在一起，所以身材矮小的男孩常常有着强烈的自卑感。这一切都是青春期所特有的"体态意识"的烦恼，它几乎都是秘而不宣的。

做人就做"心里美"

美国20世纪初著名的心理学家马尔兹曾指出：青少年对外表所产生的烦恼，其心理障碍大都是在脑子里存在着一种"幻想式的丑陋"。据他对美国中学的学生所做的调查表明，约有90%的人对于自己的外表有所不满。这说明大多数人对自己的外貌的"期望值"较高。特别是一部分青少年，总以一种极度挑剔的目光来审视自己的外貌，把自己身上的一点"丑"加以无限地夸大。

人在相貌的问题上，极易受自我暗示的影响。如果你以挑剔的目光先假定了某一部位有点不对劲，以后就会越看越不对劲，如此将形成不良的自我暗示。有个上初三的女孩，刚上初中时她隐隐地觉得自己的鼻子有点"扁"（实际上相当正常），从此她的鼻子就开始不得安宁了。每天一有空就要照照鼻子，越照越觉得自己的鼻子有"问题"。于是她自我发明了简易的"隆鼻术"——用手反复地捏鼻子，她上课捏、下课也捏，就这样整整捏了2年。结果本来一个挺美的小姑娘被捏得鼻子不是"鼻子"——捏得发肿发炎了。

确立良好的"自我意向"，是拥有健康心理和快乐生活的关键。因此对外貌不妨坦然地自我悦纳，即以积极、赞赏的态度来接受自己的外在形象，并设法消除各种附加于上的"不良信息"，做到不听、不信、不制造。一句话，不自己给自己找麻烦。只有在心理上承认和接受了自己的"自然条件"，才能进一步地美化自己、喜欢自己，让自己透出生机勃勃的青春美来。

性格内向好还是外向好

我们来看一位学生的问题：

我想了解一下人的性格是否可以改变。我今年上初一，性格内向，上课不积极发言，平时也不爱多说话。其实，我的人缘儿还挺好的，学习成绩也不错，老师也挺喜欢我的，只是觉得我太内向了。每次爸爸妈妈去学校，老师都会对他们说我内向，让他们多劝劝我。内向性格是不是特别不好，我是不是该改改呢？

像这位学生一样，生活中有许多人总是对自己的性格抱有疑问。

其实，性格是很复杂的，包含很多侧面，内外向只是其中的一个纬度。那么，内向性格是否可以转变成外向性格或者说有没有必要改变呢？

首先我们来看一下心理学上对内外向性格是如何划分的。按照心理学的观点，"注意力的指向"是划分内外向的依据。内向的人更多地将注意力指向于自己的内心世界，而外向的人则对外部世界给予更多关注。

性格无所谓好坏，因为每一种性格都有其优点和不足，就像四季一样，春夏秋冬各有所长，也各有所短。只要善良，只要热爱集体，只要懂得尊重自己和他人，只要知道成功出于勤奋……无论什么性格的人，都是好人，都有受欢迎的人。一般说来，人的性格是不容易改变的。内外向性格的人在神经生理上似乎是有一些差异的。心理学家发现，与人交往时，人脑部活跃的区域，与受到柠檬汁刺激后活跃的脑区相同，于是他们做了一个实验。找来两组被试，一组为内向者，另一组为外向者。心理学家在每个被试的舌头上滴上几滴柠檬汁，受到柠檬汁刺激，参与试验者会产生唾液。心理学家发现，内向者产生的唾液量要远多于外向者。由此心理学家认为内向者对刺激的反应更加强烈，在陌生的场合，与人交往时更易感到局促。而外向者反应较弱，更喜欢热闹的情景。

内向的性格不易完全改变，反过来说，也没有必要改变。其实内向、外向只是一种性格倾向，并不存在优劣问题。内向性格者，也有很多优点，比如易于集中注意力，专注于一件事情，不易被流行的观念影响，对人的内心体验、感受更敏感，有更多可以自己安排的时间等等。

性格无好坏之分

一些内向的人，容易走入一个认识误区，将"与人交往表现拘谨"对自己人际关系上的负面影响，看得过重。据美国学者安德森的研究显示，影响人际关系的品质中，按重要性排列开朗只排到了18位，真诚、真实、智慧、可信赖、有思想、体贴、善良、友好等品质都在其前面。人们不会因为一个人有些拘谨就反感、否定他。有很多内向的人生活也很快乐、成功，他们并不觉得内向是通往幸福之路上多大的绊脚石。

当然，我们也应该适当地改改自己性格中的不足之处，尤其是当他人已为我们指出来的时候。有时，只要改变一点点，就会有惊喜一大串。如果你希望提高自己与人交往的能力，交际时更轻松、自然，这是可以通过锻炼做到的，生活中有不少这样的例子。你可以尝试循序渐进地为自己设立一些目标，为自己制定的"告别羞涩"行动计划。每次努力后要对自己的表现总结，并进入下一个目标。

另外，还可以与身边那些喜好交际的人交朋友，一方面这些人容易走近，另外他们的热情也会慢慢感染你。羞怯是可以通过努力改善的。

你对时间的认识正确吗

人生的全部学问就在于和时间打交道。

有时一刻值千金,有时几天、几个月、几年乃至几十年,不值一分钱。

年轻、年盛的时候,一天可以干很多事;在世上活得时间越长,就越抓不住时间。

当你感到时间过得越来越快,而工作效率却慢下来了,说明你生命的机器已经衰老,经常打空转。

当你度日如年,受着时间的煎熬,说明你的生活出了问题,正在浪费生命。

当你感到自己的工作效率和时间的运转成正比,紧张而有充实感,说明你的生命正处于黄金时期。

忘记时间的人是快乐的,不论是忙得忘了时间,玩得忘了时间,还是幸福得忘了时间。

敢于追赶时间,是勤劳刻苦的人。

追上了时间,并留下精神生命和时间一样变成了永恒的存在,是天才。

更多的人是享用过时间,也浪费过时间,最终被时间所征服。

凡是有生命的东西,和时间较量的结果最后都是要失败的。有的败得辉煌,有的败得悲壮,有的败得美丽,有的虽败犹荣,有的败得合理,有的败得凄惨,有的败得龌龊。

时间无尽无休,生命前仆后继。

无数优秀的生命占据了不同的时间,使时间有了价

珍惜时间

值，这便是人类的历史。

生命永远感到时间是不够用的。因此生命对时间的争夺是酷烈的，产生了许多骇人听闻的故事，如"头悬梁锥刺股""以圆木为惊枕"，等等。

时间是无偿赠送给生命的。获得了生命也就获得了时间，而且时间并不代表生命的价值。所以世间大多数生命并不采取和时间"竞争""赛跑"的态度，而是根据生存的需要，有张有弛，有紧有松。累得受不了啦，想闲；拥有太多的时间无法打发，闲得难受，就想找点事干，让自己紧张一下。

现代人的生存有大同小异的规律性。忙的有多忙，闲的有多闲？忙的挤占了什么时间？闲人又哪来那么多时间清闲？《人生宝鉴》公布了一个很有意思的调查材料——

假若一个人活了72岁，他这一生时间是这样度过的：睡觉20年，吃饭6年，生病3年，工作14年，读书3年，体育锻炼、看戏、看电视、看电影8年，饶舌4年，打电话1年，等人3年，旅行5年，打扮5年。这是平均数，正是通过这个平均数可以看出许多问题，想到许多问题。每个生命都是普通的，有些基本需求是不能不维持的。普通生命想度过一个不普通的一生，或者是消闲的一生，该在哪儿节省，该在哪儿下力量，看着这个调查表便会了然于心。

不要指望时间是公正的。时间对珍惜它的人和不珍惜它的人是不公正的，时间对自由人和监狱的犯人也无公正可言。时间的含金量，取决于生命的质量。

时间对青年人和老年人也从来没有公正过。人对时间的感觉取决于生命的长度，年纪越大，时间的值越小，如白驹过隙；年纪越轻，时间的值越大，来日方长。

时间，你以为它有多宽厚，它就有多宽厚，无论你怎样糟蹋它，它都不会吭声，不会生气。

时间，你认为它有多狡诈，它就有多狡诈，把你变苍老的是它，让你在不知不觉中蹉跎一生，最终后悔不迭的也是它。

时间，你认为它有多忠诚，它就有多忠诚，它成全了你的雄心、你的意志。

有什么样的生命，就有什么样的时间。

一个人有什么样的时间观念，就会占有什么样的时间。

爱因斯坦创立相对论，证实时间与空间和物质是不可分割的，任何脱离空间的时间是不存在的，也是没有意义的。人如果能超光速旅行就会发生时间倒流，回到过去。

倘若有一天人类能征服时间了，生命真正成了时间的主人，世界将是什么样子呢？

珍惜时间的爱因斯坦

你的时间值多少钱

要惜时如金，珍惜分分秒秒——妈妈这样提醒你，是因为生命只有一次，很多事可以重新来过，但时间如流水，一去永不复返！

1. 空闲时间的遐思

有时你会听到这样的说法："等我有空再做。"这句话通常表示"等手上没有什么重要的事情时再做"。但事实上，没有所谓"空"的时间。你可能有"休闲"时间，却没有"空"的时间，你的每一分钟都很值钱。

为了解释"一寸光阴一寸金"的道理，一位大公司的老板带着一个"金钱时钟"召开主管会议。与会者在进入会议厅时，需在"金钱时钟"上打卡，这个钟记录了每一位与会者的时薪，并且可以计算这个会议所花费的时间及所需的费用。这位老板证明了永无止境的会议看似不花一毛钱，其实可能所费不低。

我们很容易想像有形物品的价值，就像汽车和房子，但"时间"因为看不见又摸不着，常得不到人们应有的尊重。如果有人偷了你珍藏的画或珠宝，你一定会生气地跑去报警，可是丢掉时间甚至连行为不检点都算不上。除非你是律师、会计师或心理医生，你才会学着把自己的时间标上价钱。不过即使你向客户收费是以钟点计算，你可能还是将计费的钟点贴上了"生意"的标签，至于工作以外的时间，对你而言就没有价值了。

当你在森林中漫步或与家人和朋友从事休闲活动时，你所花的时间可能是一种投资，也可能是一种浪费，这正如蓝曼马柯思公司的最高主管所说："在某些时候，我对时间非常吝啬，这么做是为了我可以在其他时候挥霍。"

2. 替自己加薪

假如你已接受了"时间有价"的基本观念，更重要的是，假如你真的了解"你自己"时间的价值，你就可以实现时间管理专家杰弗利·梅那的建议："给自己加薪吧！"对了，就是将你的时间标上价，然后再提高价钱。

你的时间真正的价值是多少呢？我们先假设你的年收入是 5 万元，那么你的时间每小时值 25.61 元，每分钟则是 0.427 元。姑且不论你的时间市场价值是多少，全部加倍，也就是如果你现在一小时赚 25 元，你的一小时应该值 50 元。如果你一小时赚 50 元，那么你的价值就应该是 100 元。

别以为这样的"加薪"思考练习不重要，你对时间和自己的看法，将会影响你未来日子中的每一件事。正如打高尔夫球，输赢只在你的一念之间。

假如你开始认真看待自己的时间确实价值不菲后，那么在不久的将来，即使你真赚了这么一大笔钱，你也不会诧异了。也正因为如此，你就会知道每浪费一个小时要花掉多少成本，然后你才会开始想办法削减因为工作效率不高而导致的浪费。要是你每小时的价值高达 100 元、200 元或是 300 元，你更会谨慎地筛选工作计划及答应他人的要求。

3. 开一张账单给自己

劳伦斯·桑姆士曾经是美国克林顿总统的首席经济顾问之一。在此之前，他在世界银行六百多人的研究部门中担任首席经济学家；此外，他也担任过哈佛大学经济系的教授。他曾运用过这样的技巧：在哈佛大学授课时，他教那些功课老是做不完的学生们记录工作日志，就像律师和会计师们做的工作日志一样。如果学生们实际上做了30分钟的作业，就将这30分钟老实地记录下来，不要灌水。并且只能记录在道义上可以向客户收费的时间，其他如吃点心、休息的时间就不能算进去。利用这个工作日志，学生们发觉，他们真正花在作业上的时间，经常比他们想像的还少。

对那些已经学会善用时间的人来说，这个技巧可能并不管用，但是对其余因管理时间而感到困扰的人而言，工作日志是一项非常有用的判断工具。即使对工作经验丰富的人来说，工作日志也常有惊人的效果——让他们惊觉到有多少时间被白白浪费掉了。至于一些老练的时间策略专家，他们使用工作日志不只是为了"惊人的效果"，更把它当作自我管理的工具。柯林斯是一家公司的总裁，他记录工作日志已有多年。刚开始他只是为了约束自己而做记录，但是在发现这种方式的妙用后，他就没有中断过记录工作日志。

许多律师和会计师在大部分的工作时间里，面前都放着一本工作日志。我曾询问一位非常成功的律师这么做感觉如何，他回答："这么做已经成为一种习惯了。起先我是学着在打电话前和结束一通电话后顺手做些记录，但久而久之，这就成为一种生活方式了。"

记录工作日志未必适合每个人，许多优秀的时间管理者根本连想都没想过要这么做，对他们而言，他们最不想做的事就是多余的文书工作。我自己也只会偶尔在一段时间内记录工作日志，但这仅是为了看看自己的工作成绩，而不是例行的记录。你可能想尝试至少每隔一段时间记录一下工作日志，如果你的记录诚实而且仔细，就可以确切地知道自己是如何花费时间。工作日志是不容自我欺骗的。

自我调节，保持心理平衡

心理失衡的危害是严重的，不但会造成人们心理上的病变，还可能带来身体上的疾病，严重影响人们的正常生活。因此，必须学会自我调节，保持心理平衡。

怎样调节心理失衡呢？

首先要查明失衡的原因。如果是工作中的失误造成的，就应及时纠正；如果是自己不能正确对待生活造成的，就应该寻求他人帮助来认识自己。如果你试图帮助别人时，有一点应该注意：如果帮助的是青年朋友，千万不要以居高临下的态度去教训他们，要注意运用启发、开导的方法。

保持心理平衡

其次，心理学中还有许多具体方法也可以有针对性地采用。下面列举出一些典型方法。

1. 遗忘不快法

"遗忘"是记忆心理学中的一个重要概念和环节。心理学研究表明，人的心理承受能力是有限度的，面临的冲突事件过多时，就会烦躁、焦虑和紧张。如果我们终日生活在对往事痛苦的回忆中，反复品尝过去的挫折，心情就会越发抑郁，对现实就越发不满，心里就更加不平衡。

如果忘却那些琐碎之事，就能使自己的身心获得宽慰；忘掉心中的不快，就能把自己从痛苦中解脱出来，激发出新的力量。因此，我们要学会有意识地忘记。

2. 自我解嘲法

所谓自我解嘲法，就是当遇到令自己尴尬或难堪的场合或突发事件时，不要逃之夭夭，也不要手足无措，更不要埋怨他人，而要自我解嘲、缓和气氛、避免冲突。自我解嘲法是一种自我调侃、自我贬抑的方法。

例如，在酒店里，服务员上菜时，不小心将菜汤溅到了某位顾客的头顶上。当众人都等待一场冲突时，该顾客却出人意料地手指自己的秃顶对服务员说："小姐，你以为这种治疗会有效吗？"他借助了高超的自嘲术，不但维护了自尊，而且也展示了自己的大度胸怀，使众人的心理都得到了平衡。

3. 泪流满面法

俗话说"男儿有泪不轻弹"，科学研究却告诉男儿们，这样并不是什么好事。

研究发现，强忍泪水恰恰造成情绪压抑，而痛快地流泪则可以减轻乃至消除这种压抑。情绪不好时哭上一阵可以缓解你心中的郁闷、悲伤、沮丧、愤怒，可以防止你因长久压抑而走向极端。因此，为了自己心理平衡，我们应当放弃有泪不轻弹的传统戒条，让自己因情绪冲动、波动而哭泣，不必为哭泣而难为情。

4. 聊天转移法

研究发现，找个人聊聊天具有心理调节的功能。闲聊可以缓解紧张、消除隔膜，能使处于困境中的人很快平静下来，能为被劝说者营造良好的心理状态，从而有利于劝说的顺利进行。现在生活节奏日益加快，人们越来越重视闲聊了：电视上有"闲话俱乐部"，报纸上有"闲话专栏"，"闲话"书籍也在满大街地卖。闲聊还可以表达礼节与温情；闲聊还能够化解怨气、发泄怒火；闲聊也可以躲避碰撞、防备责问。

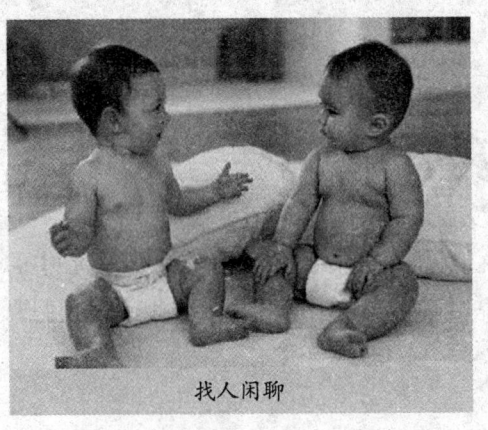

找人闲聊

5. 激励法

要走出心理失衡，最好的办法是给自己一个激励，即给自己确立一个追求的目标，并付诸行动。采用激励法时，首先目标要确立得适宜，既不能太高，又不能太低。太高的目标会使心灵受挫折而变得垂头丧气；太低的目标不费吹灰之力就可以实现，不能给内心带来喜悦。其次，要选择对社会有价值而且必须凭借自己的努力来实现的目标。

保持心理健康的10条秘诀

谈到心理平衡，我们不妨来了解一下美国心理卫生学会提出的保持心理健康的十条秘诀，很值得我们借鉴。

1. 不要斤斤计较

有些人心理不平衡，完全是因为他们斤斤计较，处处与人争斗，使得自己经常处于紧张状态。俗话说"将心比心"，只要你宽容别人，别人也会与你为善。

2. 适当让步

在处理工作和生活中的一些问题时，只要大前提不受影响，在非原则问题方面无需过分坚持，以减少自己的烦恼。

3. 对自己不要太苛求

每个人都有自己的抱负，可是并不一定合适自己。有些人把自己的目标定得太高，根本实现不了，于是终日抑郁寡欢，实为自寻烦恼；有些人对自己所做的事情要求十全十美，有时近乎苛刻，往往因为小小的瑕疵而自责，结果受害者还是自己。

为了避免挫折感，应该把目标和要求定在自己能力范围之内。懂得欣赏自己已取得的成就，心情自然就会舒畅。

4. 知足常乐

有时候荣与辱、升与降、得与失，是不以个人意志为转移的。宠辱不惊、淡泊名利，才能做到心理平衡。

5. 对亲人期望不要过高

妻子盼望丈夫飞黄腾达，父母希望儿女成龙成凤，这似乎是人之常情。然而，当对方不能满足自己的期望时，便大失所望。其实，每个人都有自己的生活道路，何必要求别人迎合自己。

6. 暂离困境

在现实中，受到挫折时，应该暂时将烦恼放下，去做你喜欢做的事，如运动、打球、读书、欣赏书画等，待心境平和后，再重新面对自己的难题，思考解决的办法。

7. 对人友好

生活中被人排斥常常是因为别人有戒心。如果在适当的时候表示自己的善意，诚挚地建立友情，伸出友谊之手，自然就会朋友多，隔阂少，心境也就变得平静。

友好对人

8. 找人倾诉烦恼

生活中有烦恼是常事，把所有的烦恼都闷在心里，只会令人抑郁苦闷，不利于身心健康。如果把内心的烦恼向知己好友倾诉，心情会顿感舒畅。

9. 积极娱乐

积极、适当的娱乐，不但能调节情绪、舒缓压力，还能增长知识，增添乐趣。

10. 帮助别人做事

"助人为快乐之本"，帮助别人不仅可使自己忘却烦恼，而且可以表现自己存在的价值，更可以获得珍贵的友谊和快乐。